中国区域环境保护丛书
北 京 环 境 保 护 丛 书

北京生态环境保护

《北京环境保护丛书》编委会　编著

中国环境出版集团・北京

图书在版编目（CIP）数据

北京生态环境保护/《北京环境保护丛书》编委会编著.
—北京：中国环境出版集团，2018.12
（北京环境保护丛书）
ISBN 978-7-5111-3877-4

Ⅰ. ①北… Ⅱ. ①北… Ⅲ. ①生态环境保护—概况—北京 Ⅳ. ①X321.21

中国版本图书馆 CIP 数据核字（2018）第 296851 号

出 版 人 武德凯
责任编辑 周 煜
责任校对 任 丽
封面设计 彭 杉

出版发行 中国环境出版集团
（100062 北京市东城区广渠门内大街 16 号）
网 址：http://www.cesp.com.cn
电子邮箱：bjgl@cesp.com.cn
联系电话：010-67112765（编辑管理部）
010-67138929（环境科学分社）
发行热线：010-67125803，010-67113405（传真）
印 刷 北京中科印刷有限公司
经 销 各地新华书店
版 次 2019 年 7 月第 1 版
印 次 2019 年 7 月第 1 次印刷
开 本 787×960 1/16
印 张 13.75
字 数 260 千字
定 价 48.00 元

《北京环境保护丛书》

《北京生态环境保护》

主　　编　冯惠生

副 主 编　（按姓氏笔画排序）

王春林　全昌明　刘贤姝　刘春兰

曹淑萍　韩永岐

执行副主编　梁　静

执 行 编 辑　易青青

序言

《北京环境保护丛书》是按照环境保护部部署、经主管市领导同意由北京市环境保护局组织编纂的。丛书分为《北京环境管理》《北京环境规划》《北京环境监测与科研》《北京大气污染防治》《北京环境污染防治》《北京生态环境保护》《北京奥运环境保护》等七个分册。丛书回顾、整理和记录了北京市环境保护事业40多年的发展历程，从不同侧面比较全面地反映了北京市环境规划和管理、污染防治、生态环境保护、环境监测和科研的发展历程、重大举措和所取得的成就，以及环境质量变化、奥运环境保护等工作。丛书是除首轮环境保护专业志《北京志·市政卷·环境保护志》(1973—1990年)以外，北京市环境保护领域最为综合的史料性书籍。丛书同时具有一定知识性、学术性价值。期望这套丛书能帮助读者更加全面系统地认识和了解北京市环境保护进程，并为今后工作提供参考。

借此《北京环境保护丛书》陆续编成付梓之际，希望北京市广大环境保护工作者，学史用史、以史资政、继承发展、改革创新，自觉贯彻践行五大发展新理念，努力工作补齐生态环境突出“短板”，为北京市生态文明建设、率先全面建成小康社会，作出应有的贡献。

参编《北京环境保护丛书》的处室、单位和人员，克服困难，广泛查阅资料，虚心请教退休老同志，反复核实校正。很多同志利用业余时间，挑灯夜战、不辞辛苦。参编人员认真负责，较好地完成了文稿撰写、修改、审校任务。这套丛书也为编纂第二轮专业志《北京志·环境保护志》（1991—2010 年）打下良好的基础。在此，向付出辛勤劳动的各位参编人员，一并表示感谢。

我们力求完整系统收集资料、准确记述北京市环境保护领域的重大政策、事件、进展，但是由于历史跨度大，本丛书中难免有遗漏和不足之处，敬请读者不吝指正。

北京市人民政府副秘书长　陈　添

北京市环境保护局党组书记、局长　方　力

2018 年 2 月

目录

第一章　生态环境质量

第一节　北京生态环境基本状况

一、自然地理特征

（一）地理区位

北京位于华北平原的西北部边缘，毗邻渤海湾，地域范围南起北纬39°26′，北至北纬41°04′，西自东经115°25′，东至东经117°30′。面积为16 410.54 km^2。西部山地属太行山脉；北部山地属燕山山脉，北部与内蒙古高原相连；东南面向华北平原，距渤海仅约150 km，形成“左环沧海，右拥太行，北枕居庸，南襟河济”的地理形势。

（二）地质、地貌与土壤

北京地质条件较为复杂，从地层上看，除缺失少数地层外，以太古界的古老变质岩系到第四系沉积物都有出露；东南是一片海拔100 m以下、缓缓倾向渤海的坦荡冲积平原，只在沿河地带和故河道区有稍微高起的缓岗和沙丘散布，打破了平原一望无际的单调景色。山前洪积冲积平原镶嵌在山麓脚下，与冲积平原相接部分，常有交接洼地分布。地面为第四纪沉积物。地势坡度由山前的 3‰向东南减缓为 1‰。北京的水文地质条件较为复杂，一般可分为平原区和山区两个水文地质单元。地下水是北京主要供水水源，开采集中在平原地区第四纪含水层。北京西郊、顺义以北、平谷区平原地区及南口以南地区是地下水含量较为丰富的地区，是供水集中开采的良好地段。在垂直方向，150 m 以内浅部地下水富水性最好，是工农业及城市生活用水的主要水源；150 m 以下富水程度较差，含水层为砂砾石及砂，有些地区砾石夹黏性土，有的呈半胶结状态，结构较密实，透水性差。

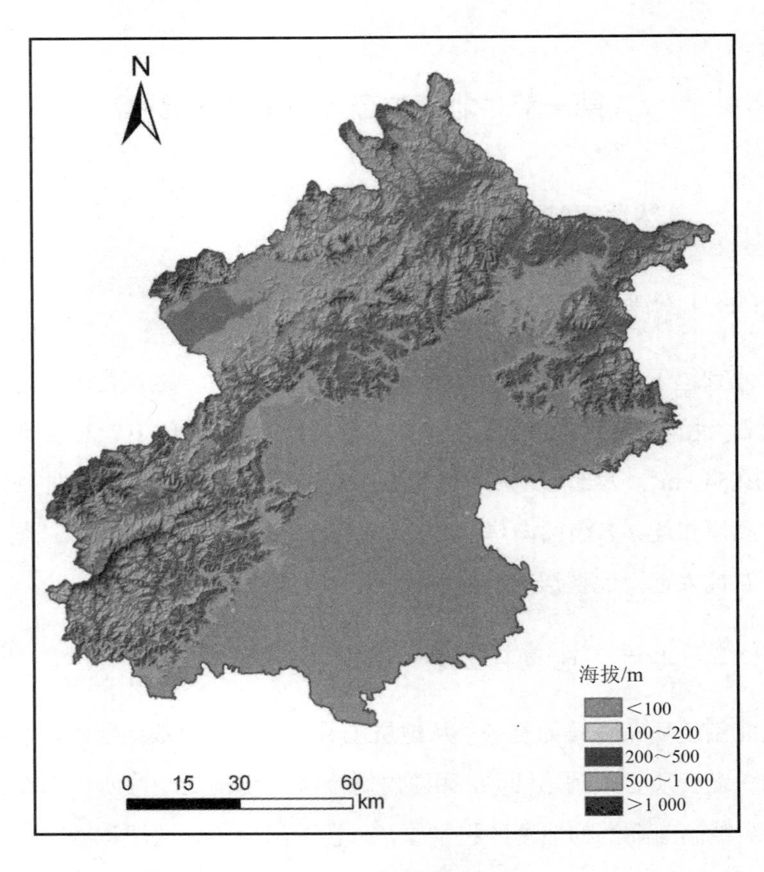

图 1-1　北京市地势图

北京地处华北大平原西北部的边缘，是平原与高原、山地的交接地带。西部和北部被连绵不绝的群山所环抱。西部山地以拒马河口至甫口一带总称西山、属太行山脉。横卧在北部的山地统称军都山，属古老的燕山山脉。山势陡峭，峰峦起伏，具有中山地貌特征。山峰一般在海拔1 000～1 500 m。与平原交接的山地一般在海拔 100～500 m，主要为低山丘陵地形。经长期流水浸蚀切割，地表破碎，形状极为复杂。

北京地区的土壤属暖温带半湿润地区的褐土地带，但是，由于受到海拔、地形差异、成土母质、地下水位高低等因素的影响，山地土壤自低到高，依次为山地褐土、山地棕壤和山地草甸土；由山麓至平原则为淋溶褐土、碳酸盐褐土、浅色草甸土和水稻土。局部地区还有盐土和沼泽类型的土壤。

（三）气象与气候

北京地处中纬度，属温带大陆性季风气候。其特征是：春季干旱多风，夏季高温多雨，秋季天高气爽，冬季寒冷干燥。多年平均气温12.3℃，1 月气温最低，平均-3.7℃，最热在 7 月，平均气温 26.2℃。北京是我国东部沿海少雨区之一，多年平均降水量 571.9 mm 左右。因受地貌影响，各地区有别：在西南、西、北部山前地区，年降水量达 700 mm左右，为一个多雨区；东南部平原地区降水量不足 600 mm，为次多雨区；在背山区降水量较少，不足 500 mm，形成一个少雨区。北京冬、春两季多风沙。冬季多偏北或西北风，夏季多偏南或东南风，春、秋两季则两种风向交替出现。但全年仍以偏北风为主，多年平均风速 2.5 m/s，最大风速曾达 21.7 m/s，极大风速曾达 30.0 m/s，月平均风速以 4 月为最大，为 3.2 m/s。西北部山地对来自西北的强劲气流起了一定的缓和作用。但由于地质构造和河流的切割作用，在地貌上形成了缺口，成为风道：即从古北口沿潮河河谷南下风道；从延庆康庄经关沟出南口风道；从官厅沿永定河官厅山峡出三家店风道，冬、春季节从西北来的劲风就沿着这三条风道吹向平原。加之北京地区植被覆盖率较低，常常在春季形成“扬沙天气”，甚至形成风灾。

（四）水系与水文

北京地处海河流域，境内有永定河、潮白河、北运河、大清河、蓟运河五大河系，共有支流 100 余条，长 2 700 km。其中有堤河道 25 条，堤长 600 多 km。其中大清河和永定河两个水系在西部，潮白河和蓟运河在东部，北运河水系在中部。除北运河水系发源于北京市昌平山区以外，其余四大水系发源于山西省或河北省，属于过境河流。

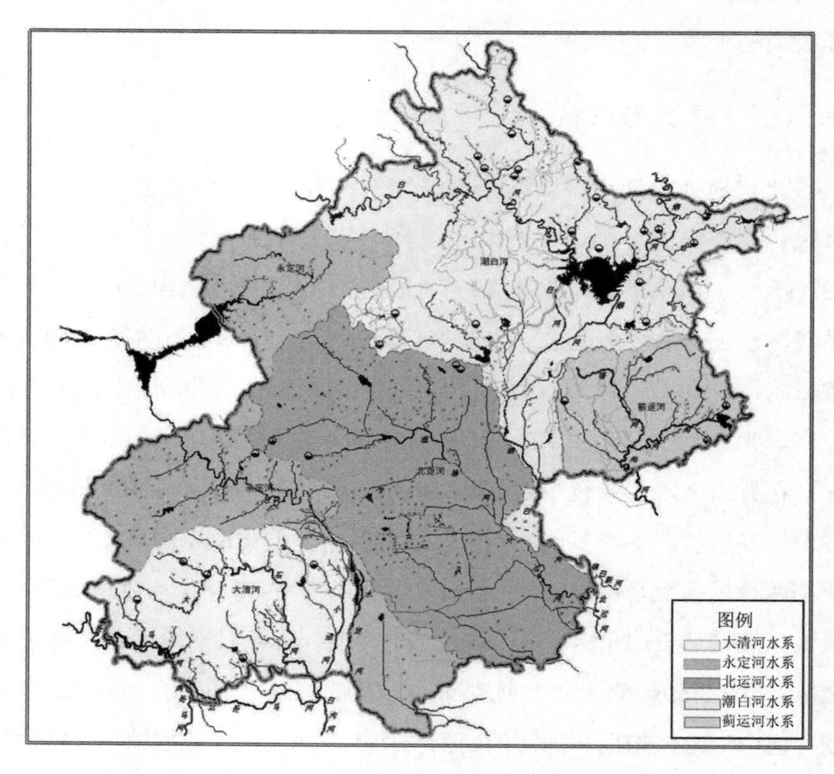

图 1-2 北京市水系流域示意图

北京现有天然和人工湖泊 23 处，总面积约 520 hm^2。全市有大、中、小型水库 85 座，总库容约 72 亿 m^3，其中大型水库有密云水库、官厅水库、怀柔水库、海子水库。

据计算，北京多年平均降水总量 105 亿 m^3，转为地表径流量的仅为 25.72 亿 m^3。加客水在内，总来水量为 44.87 亿 m^3，平水年为 37.5 亿 m^3，枯水年为 23 亿 m^3。干旱年为 12.35 亿 m^3。客水主要来自潮白河、永定河和大清河的上游。

二、生态系统状况

北京市整体由西北东三面环山区、东南平原区、中部城市核心区三部分组成，呈现西北高、东南低的态势，三个部分经济社会和自然环境又各有特点。山区主要是生态涵养区，平原为城市发展拓展区，城市核心区为经济社会功能主要承载区，三者的主要生态系统分别为山地森林、平原森林、城市绿地以及贯穿三者的湿地系统。

（一）山区

山区包括门头沟、延庆的全部和房山、昌平、怀柔、密云、顺义、平谷等区县的山区，土地面积 1 068 239 hm^2，约占全市土地总面积的 69.92%。截至 2010 年年底，全市山区森林覆盖率为 50.97%，林木绿化率为 71.35%，是北京市生物基因、种质资源的保存库，也是北京市的水源涵养、防风固沙、物种保护、固碳释氧、绿色休闲的主要承载地。

从植被现状看，山地植被垂直分布可分为低山落叶阔叶灌丛和灌草丛带、中山下部松栎林带、中山上部桦树林带和山顶草甸带，天然分布的树种主要包括油松、侧柏、栓皮栎、桦树、山杨、槲树、槲栎、核桃楸等。山间盆地及沟谷地带生长有杨、柳、榆、桑、核桃楸、板栗、柿树等。北京山区人工栽植的树种主要有油松、侧柏、落叶松、刺槐、黄栌、火炬树、元宝枫等。在山间河流、库塘等地发育着湿生和水生植物。

山区生态资源数量较大，但整体质量明显偏低，纯林占 80%，中幼林占 81.7%，亟待抚育的有 40 万 hm^2，低质低效林达 20 万 hm^2。山区林地中厚土面积不足 1%，99%以上为薄土。

（二）平原

远郊平原区包括通州、大兴的全部和顺义、房山、昌平、怀柔、密云和平谷等区县的平原部分，土地面积 441 055 hm^2，约占全市土地总面积的 26.81%，森林覆盖率 20.85%，林木绿化率 32.36%，主要承载生态隔离、城区碳氧平衡、环境美化舒适、居民就近绿色休闲、水源涵养、农田防护、防风固沙、农民绿岗就业等功能。

平原地区网络结构特征明显，现有森林类型整体上呈现“林带多片林少”的格局。全市自 2012 年开始实施平原百万亩造林工程以来，森林资源总量得到较大提升，截至 2015 年年底百万亩造林工程完成后，平原区森林覆盖率达到 25%。但是，平原区森林覆盖率仍远低于全市 41.6%的平均水平，且与纽约、伦敦、东京、巴黎等世界城市相比仍有一定差距。

（三）城区

城区部分包括东城、西城、朝阳、海淀、丰台、石景山六个区，土地面积为 136 087 hm^2，占全市土地总面积的 8.27%。城区生态系统主要有缓解城市热岛效应、美化环境、满足居民休闲、优化城市格局、应急避险等功能。截至 2015 年年底，全市城市绿化覆盖率为 48%，全市林木覆盖率为 59%，森林覆盖率为 41.6%，人均公园绿地达到 16 m^2，生态环境指数为 64.2。但是，城区绿地分布不均，500 m 服务半径不到位，老旧小区、风貌保护区、部分道路绿化水平亟待提升，立体绿化、屋顶绿化任务繁重；在重视大尺度绿地的基础上，需加强边角、小块绿地的提升，同时提升绿地的自然化，使绿地生态功能、服务功能、景观特色更加突出，发挥更强作用。

（四）绿化隔离地区

作为北京市整体规划的第一道绿化隔离带，主体范围在北京四环至五环之间，至 2010 年，绿带范围内的建设用地比例已达 68.66%，各类绿地覆盖比例低于 30%，耕地比例很低，不足 2%。第一道绿化隔离带内现存的大规模绿地主要为城市公园，如圆明园、颐和园和奥林匹克森林公园。

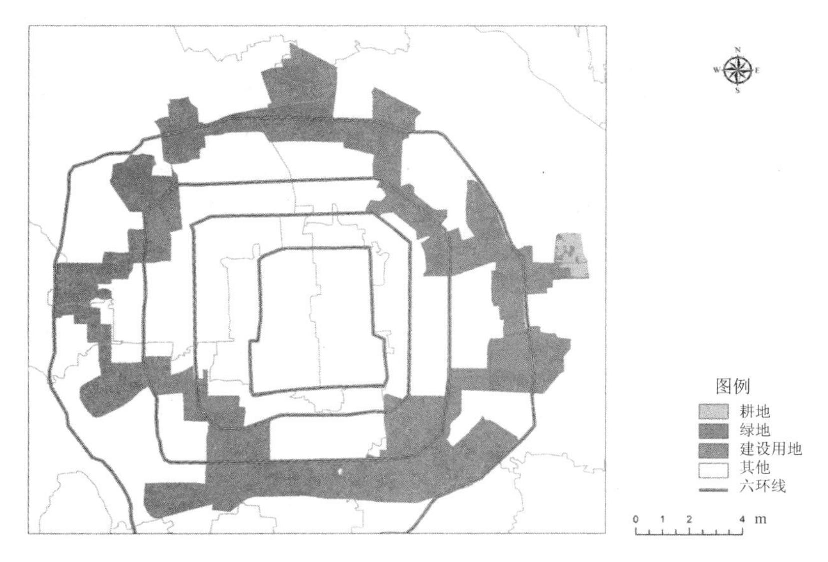

图 1-3　北京市第一道绿化隔离带景观格局现状图

第二道绿化隔离带，主体范围在北京五环至六环之间，至 2010 年，绿带范围内的建设用地比例已达 52.66%，各类绿地覆盖比例为 20.94%，耕地比例为 26.01%。第二道绿化隔离带内现存大型绿地也主要是城市公园，如西山国家森林公园、北京植物园和香山公园等。第二绿化隔离带内的耕地分布较为破碎零散。

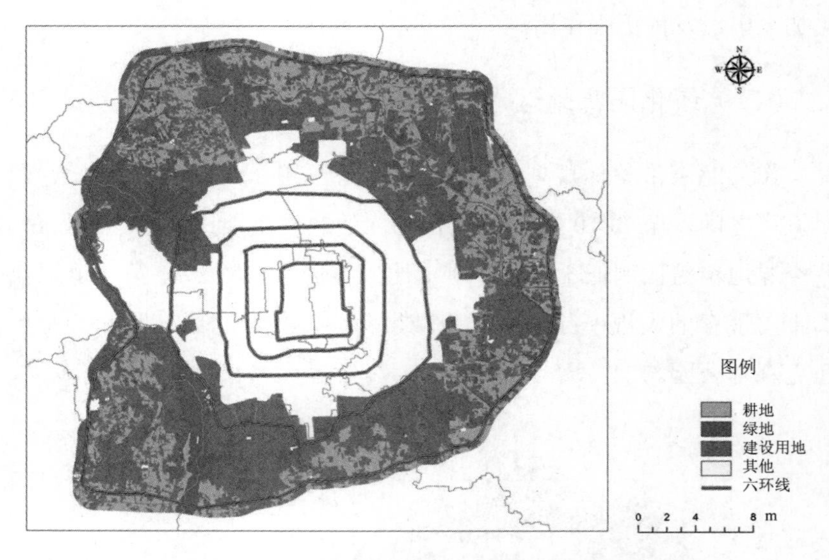

图 1-4　北京市第二道绿化隔离带景观格局现状图

第二节　北京生态环境状况评价

一、评价背景

生态环境质量是指生态环境的优劣程度，它以生态学理论为基础，在特定的时间和空间范围内，从生态系统层次上，反映生态环境对人类生存及社会经济持续发展的适宜程度，是根据人类的具体要求对生态环境的性质及变化状态的结果进行评定。生态环境质量评价就是根据特定的目的，选择具有代表性、可比性、可操作性的评价指标和方法，对生态环境质量的优劣程度进行定性或定量的分析和判别。区县生态环境质量评价，则是在城市生态环境质量评价中，以区县为评价单元，对该区域的生态环境质量进行说明、分析和评定。

为加强生态环境保护，充分发挥环保部门统一监督管理的职能，综合评价生态环境状况及变化趋势，国家与各地在城市环境评价领域进行了有益的尝试，环境保护主管部门制定了城市环境综合整治定量考核、国家环境保护模范城市考核和生态建设示范区的一系列指标体系，并颁布了《生态环境状况评价技术规范（试行）》（HJ/T 192—2006）（以下简称《技术规范》）。该技术规范规定了生态环境状况评价的指标体系和计算方法。适用于我国县级以上区域生态环境现状及动态趋势的年度综合评价。国家每年对各省、自治区、直辖市，编制《全国生态环境状况评价报告》，进行生态环境状况指数评测。上海、天津、重庆、广州、南京、贵阳和武汉等城市也先后根据当地情况开展了城市生态环境状况评价的探索。北京于 2005 年开展了城市生态评价的探索研究，并于 2006 年开始根据《技术规范》对各区县开展了生态环境状况评价。

二、生态环境状况评价技术规范简介

2006 年 5 月 1 日,《生态环境状况评价技术规范(试行)》(HJ/T 192 —2006）开始实施。《技术规范》明确了生态环境状况评价的指标及计算方法，提出了如下原则要求：①代表性原则：能够反映生态环境本质特征；②全面性原则：指标体系尽可能反映自然、生态和社会特征；③综合性原则：能够反映环境保护的整体性和综合性特征；④简明性原则：指标尽可能地少，评价方法尽可能地简单；⑤方便性原则：指标的数据易于获得和更新；⑥适用性原则：易于推广应用。

生态环境状况指数（Ecological Index，EI）反映被评价区域生态环境质量状况。计算方法如下：

生态环境状况指数＝0.25×生物丰度指数+0.2×植被覆盖指数+0.2×水网密度指数+0.2×（100−土地退化指数）+0.15×环境质量指数

表 1-1　各项评价指标权重

指标	生物丰度指数	植被覆盖指数	水网密度指数	土地退化指数	环境质量指数
权重	0.25	0.2	0.2	0.2	0.15

生物丰度指数指通过单位面积上不同生态系统类型在生物物种数量上的差异，间接地反映被评价区域内生物丰度的丰贫程度。计算方法如下：

生物丰度指数＝A_{bio}×（0.35×林地+0.21×草地+0.28×水域湿地+0.11×耕地+0.04×建设用地+0.01×未利用地）/区域面积

式中：A_{bio}——生物丰度指数的归一化系数。

植被覆盖指数指被评价区域内林地、草地、农田、建设用地和未利用地五种类型的面积占被评价区域面积的比重，用于反映被评价区域植被覆盖的程度。计算方法如下：

植被覆盖指数＝A_{veg}×（0.38×林地+0.34×草地+0.19×耕地+0.07×建设用地+0.02×未利用地）/区域面积

式中：A_{veg}——植被覆盖指数的归一化系数。

水网密度指数指被评价区域内河流总长度、水域面积和水资源量占被评价区域面积的比重，用于反映被评价区域水的丰富程度。计算方法如下：

水网密度指数＝A_{riv}×河流长度/区域面积+A_{lak}×湖库（近海）面积/区域面积+A_{res}×水资源量/区域面积

式中：A_{riv}——河流长度的归一化系数；

A_{lak}——湖库面积的归一化系数；

A_{res}——水资源量的归一化系数。

土地退化指数指被评价区域内风蚀、水蚀、重力侵蚀、冻融侵蚀和工程侵蚀的面积占被评价区域面积的比重，用于反映被评价区域内土地退化程度。计算方法如下：

土地退化指数＝A_{ero}×（0.05×轻度侵蚀面积+0.25×中度侵蚀面积 +0.7×重度侵蚀面积）/区域面积

式中：A_{ero}——土地退化指数的归一化系数。

环境质量指数指被评价区域内受纳污染物负荷，用于反映评价区域所承受的环境污染压力。计算方法如下：

环境质量指数＝0.4×（100−A_{SO_2}×SO_2 排放量/区域面积）+0.4×（100−A_{COD}×COD 排放量/区域年均降雨量）+0.2×（100−A_{sol}×固体废物排放量/区域面积）

式中：A_{SO_2}——SO_2 的归一化系数；

A_{COD}——COD 的归一化系数；

A_{sol}——固体废物的归一化系数。

生态环境状况分级：根据生态环境状况指数，将生态环境分为五级，即优、良、一般、较差和差。其状态为：

优——植被覆盖度高，生物多样性丰富，生态系统稳定，最适合人类生存；良——植被覆盖度较高，生物多样性较丰富，基本适合人类生存；一般——植被覆盖度中等，生物多样性一般水平，较适合人类生存，但有不适人类生存的制约性因子出现；较差——植被覆盖较差，严重干旱少雨，物种较少，存在着明显限制人类生存的因素；差——条件较恶劣，人类生存环境恶劣。

表 1-2　生态环境状况分级一览表

级别	优	良	一般	较差	差
指数	EI≥75	55≤EI＜75	35≤EI＜55	20≤EI＜35	EI＜20
状态	植被覆盖度高，生物多样性丰富，生态系统稳定，最适合人类生存	植被覆盖度较高，生物多样性较丰富，基本适合人类生存	植被覆盖度中等，生物多样性一般水平，较适合人类生存，但有不适人类生存的制约性因子出现	植被覆盖较差，严重干旱少雨，物种较少，存在着明显限制人类生存的因素	条件较恶劣，人类生存环境恶劣

生态环境状况变化幅度分级：生态环境状况变化幅度为分 4 级，即无明显变化、略有变化（好或差）、明显变化（好或差）、显著变化（好或差）。

表 1-3　生态环境状况变化度分级一览表

级别	无明显变化	略有变化	明显变化	显著变化
变化值	$\|\Delta EI\| \leqslant 2$	$2 < \|\Delta EI\| \leqslant 5$	$5 < \|\Delta EI\| \leqslant 10$	$\|\Delta EI\| > 10$
描述	生态环境状况无明显变化	如果 $2 < \Delta EI \leqslant 5$，则生态环境状况略微变好；如果 $-2 > \Delta EI \geqslant -5$，则生态环境状况略微变差	如果 $5 < \Delta EI \leqslant 10$，则生态环境质量明显变好；如果 $-5 > \Delta EI \geqslant -10$，则生态环境状况明显变差	如果 $\Delta EI > 10$，则生态环境状况显著变好；如果 $\Delta EI < -10$，则生态环境状况显著变差

三、北京市生态环境状况评价

2001—2005 年，北京市城市绿化建设力度逐年加大，截至 2005 年，城市人均绿地面积由 35 m^2 提高到 46 m^2，城市绿化覆盖率也由 2001 年的 38.8%增至 42%。生态环境保护与建设工作取得显著成效，北京市山区、平原、城市绿化隔离地区三道绿色屏障基本形成。

从 2006 年开始，北京市生态环境状况的评价标准更加规范化，其依据国家环境保护标准《生态环境状况评价技术规范（试行）》（HJ/T 192—2006），采用生物丰度指数、植被覆盖指数、水网密度指数、土地退化指数、环境质量指数等作为生态环境状况评价指标，并据此计算生态环境状况指数，从而衡量北京市整体生态环境的优良状况。

2006—2010 年，北京市生态环境状况为“良”，生态环境状况指数在 59.7～67.8。其中，生物丰度指数、植被覆盖指数和环境质量指数均有所升高，水网密度指数下降，土地退化指数变化不大。生态环境状况指数呈上升趋势，反映出生态环境质量在良好基础上进一步改善。

表 1-4　2006—2010 年北京市生态环境状况指数

年份	EI	等级
2006	59.7	良
2007	64.7	良
2008	67.8	良
2009	65.9	良
2010	66.1	良

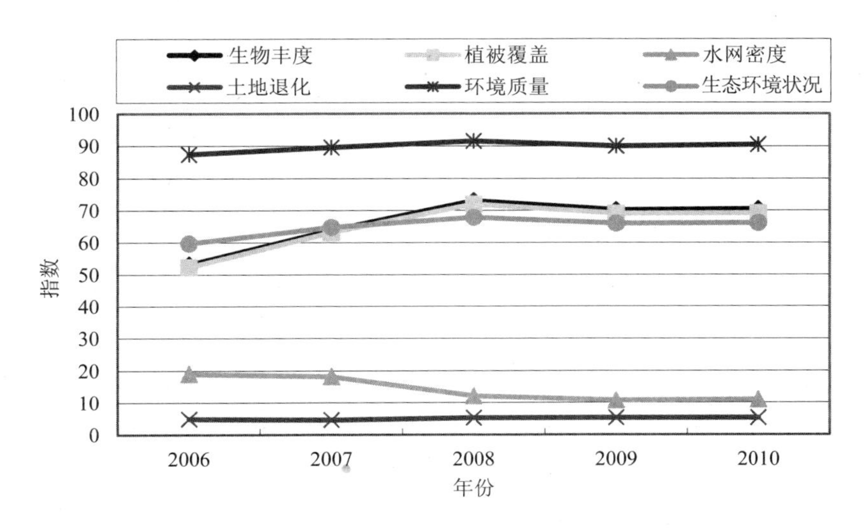

图 1-5　2006—2010 年北京市生态环境状况指数评价指标变化趋势

除城区生态环境状况指数变化不大外，其他各区县生态环境状况指数均有所上升，其生态环境质量得到了不同程度的改善，其中石景山区和平谷区生态环境状况指数上升幅度较大。从各分指数变化情况看，随着退耕还林政策的逐步推进、城市绿化覆盖率的不断提高以及生态修复工程的实施，各区县生物丰度指数和植被覆盖指数均有不同程度的增加；产业结构调整和减排力度的加大，城市中心区内大型的高污染排放企业相继停产或外迁，使得其环境质量指数大幅升高；但由于北京市水资源量逐年下降，水网密度指数也相应有所降低。位于平原区特别是城市功能核心区的生物丰度指数和植被覆盖指数明显偏低，生态承载力不足，城市生态系统仍然比较脆弱。

表 1-5 2006 年和 2010 年北京各区县生态环境状况指数动态变化统计表

区域	生物丰度	植被覆盖	水网密度	土地退化	环境质量	生态环境状况指数变化值
城区	0.9	−0.1	−10.0	0.0	21.4	1.4
朝阳	8.8	9.1	−4.1	0.1	15.8	5.6
海淀	18.4	16.2	−8.5	0.0	3.7	6.7
丰台	10.1	7.0	4.5	−0.4	14.8	7.1
石景山	26.4	24.6	−12.2	1.6	265.5*	48.6*
市区	12.4	11.0	−4.5	0.1	27.3	8.5
顺义	13.3	12.2	−0.1	−0.1	1.4	6.0
大兴	2.8	10.5	0.6	0.3	0.7	3.0
通州	9.1	8.3	−5.1	0.0	0.7	3.0
昌平	22.5	23.0	−12.0	0.2	0.5	7.9
房山	13.4	12.8	−8.6	−0.6	0.6	4.4
怀柔	22.4	21.3	−5.2	0.5	0.3	8.8
延庆	20.2	19.4	−4.1	1.4	0.4	7.9
门头沟	14.3	14.4	−1.6	−0.3	0.6	6.3
平谷	35.4	31.4	−9.7	0.0	0.5	13.3
密云	18.7	16.9	−26.7	1.2	0.2	2.5
全市	17.3	16.8	−8.2	0.4	3.1	6.4

注：*由于产业结构调整，首钢停产搬迁等措施的实施，石景山区环境质量指数、生态环境状况指数的变化值较大。

四、北京市城市生态评价探索

随着社会经济飞速发展与城市化进程不断推进，北京市不同主体功能区域中凸显出了不同的生态问题：首都功能核心区与城市功能拓展区人口密度大，城市环境污染依然严重，绿化覆盖率低，生态建设空间不足，环境质量持续改善压力不断增大。城市发展新区人口激增，工业企业增多，农业和生态用地被挤占，接纳了大量新增污染物排放负荷；生态涵养发展区生态环境容量稀缺，随着城镇扩张和旅游规模的日益增大，生态保护压力不断增加，自然保护区和广大农村地区的空气、水和土壤环境均受到很大威胁。因此，北京市于 2005 年针对城市生态状况的评价工作进行了探索研究。

（一）评价方法概述

城市生态环境质量评价方法正处于探索与发展阶段，从国外对城市生态环境评价的相关研究来看，评价系统尚无统一的规范体系。城市生态环境现状评价的方法很多，包括生态用地占地比例、生态足迹、碳氧平衡法，综合指标体系法等多种方法，不同的方法评价结果差异较大。其中，综合指数法由于能够体现出城市生态环境质量评价的综合性、整体性和层次性，而被广泛应用。

OECD（经济合作与发展组织）国家率先于 1978 年建立城市环境指标体系，已被西方国家的许多城市所采用。欧洲环境局确定的城市环境质量指标被分为三类：环境压力、环境状态和社会响应。环境压力指标包括城市大气中的 SO_x、NO_x 和 PM 的排放，城市交通密度和城市化程度。环境状态指标包括城市中超过国家大气质量标准的地区的人口数、受交通噪声污染的人口比例、城市中使用超过健康用水标准地区的人口和大气污染物浓度。社会响应指标是绿地随城市总面积和城市总人口比例的变化、未被城市开发的土地面积、新车的排放规定与噪声标准、水处理和噪声削减。

（二）区县评价指标体系设计

1．建立指标体系的原则

在国内外普遍得到认可的城市生态环境质量评价指标设置原则包括以下几点。

（1）政策相关性。指标应当简明易懂，对环境状况、环境所受的压力或者社会的响应进行有代表性的描述；存在一个阈值或参考值，作为标准进行比对。

（2）易于分析。理论上要有坚实的技术和科学基础；以国际性标准及其有效性的国际共识为基础；评价体系可以同经济模型、预测和信息系统连接起来。

（3）可测定性。支持指标所需的数据应当容易获得、可以存档并能定期更新。

指标体系应当能满足以下要求：能反映生态涵养发展区、城市功能发展区、城市功能拓展区和首都城市核心区等不同生态功能区划内各行政区县生态特征和生态状况，并能够体现生态保护与建设绩效；与现行国家技术规范不冲突，与现行生态环境管理政策法规相衔接；充分考虑各行政区环境功能定位，并能够体现各指标要素在不同生态区划中的意义；保持全市生态环境状况评价结果的延续性，并反映生态环境状况和生态保护与建设的绩效。

2．指标体系构成

按照 OECD 的环境压力-状态-响应模型，设计的指标体系包括三部分主要结构：生态压力指标体系、生态状况指标体系和生态保护与建设指标体系，并最终确定了涉及社会发展压力、经济发展与资源利用、生态环境压力、大气环境、水环境与生态保护等十个方面共计 24 项评价指标。

3．指标体系的权重

北京市早已根据自然地理条件和人口与产业分布格局确定了生态功能区划，且不同的生态功能区生态保护与建设的重点不同，压力各异，应在评价中给予区别对待。原则上采用主观赋值法，在同一指标体系下，根据生态功能定位和突出生态环境问题以及生态保护与建设规划目标的差异，确定不同的评价重点，对同一指标按照不同功能区划分别赋予不同的评价权重值，最终计算得出指数进行评判。在设计权重时着重保证赋值的以下特性：

客观性。每个指标对系统都有其作用和贡献，既不能平均分配，又不能片面强调某个指标。

公平性。北京市各生态功能区的生态环境问题、环境保护和管理目标明显不同，故各生态功能区的指标权重值有所不同。

可比性。为保证在相同功能区内各区县的评价结果横向可比，在同一功能区内采用相同的指标权重值。

针对性。围绕区县生态环境保护需求，根据不同功能区划中突出生态环境问题和生态保护与建设重点的差异，评价指标的侧重点应有所不同。

具体设想是，城市功能核心区评价的重点是生态环境现状和生态保护与建设状况；城市功能拓展区评价的重点包括生态压力、生态状况和生态保护与建设状况；城市功能发展区评价的重点是生态压力状况和生态保护与建设；生态涵养发展区评价的重点是生态压力状况和生态环境现状。

4．工作中的基本测试结果

根据所掌握的各区县“十一五”数据，对各指标值和指数值进行试算和排序，并与现行规范评价结果进行比较的结果显示，各区县生态环境状况排名无颠覆性变化；生态涵养区环境质量最好，核心区次之，拓展区和发展新区生态环境质量相对较差。

调查组在调研过程中召开了专题座谈会，广泛征求了各区县环保局的意见与建议。该评价体系除了地表生态指标外，还纳入了人口、经济、环境质量及污染源例行监测、生态修复等指标，能够更准确地反映各区县生态环境现状；不同功能区采取不同的权重，使得各区县评价结果可比性大大增强；同时，可以明确各区县生态环境质量的制约因子，有利于环境保护工作有的放矢地进行。

第三节　生态环境 10 年变化调查与评估

生态环境是人类生存和经济社会可持续发展的基础。定期开展生态环境调查与评估，是国家做好生态环境保护工作的一项重要举措。通过调查与评估，能够系统地掌握生态环境状况及其变化特征，有利于经济发展与环境保护的综合决策、产业结构优化和经济增长方式的转变；有利于生态环境保护工作的开展和生态文明建设。2012 年 1 月，经国务院批准，环境保护部、中国科学院联合开展了全国生态环境 10 年变化（2000—2010 年）遥感调查与评估工作。其中，“北京市生态环境 10 年变化调查与评估”作为重要调查项目同时实施。

北京是中国的首都，位于京津冀都市圈的核心，其生态环境状况直接影响着区域经济社会的可持续发展。由于多年来北京市生态环境宏观数据不足，相关研究基础薄弱，只有在 2000 年做过初步的生态环境调查，难以系统地阐述北京地区生态环境整体质量状况与变化。因此，该调查项目的实施，有利于全面掌握北京市生态环境现状基础信息，说清 10 年来北京市生态系统类型分布与格局，评估生态系统质量、生态服务功能等生态环境状况、变化，特别是深入分析生态变化对大气环境影响的特征及其胁迫驱动因素，揭示存在的主要生态环境问题，提出未来北京市生态环境保护的对策和建议，也为今后开展全市生态质量评价并发布信息奠定研究基础。

北京市生态环境 10 年变化调查与评估专题根据北京市城市发展与生态环境现状及格局，在对 2000—2010 年 10 年（部分指标达到 30 年）间的生态环境进行系统的调查和分析的基础上，定量评估了北京市的生态环境现状与变化。主要结论如下。

一、北京市生态环境现状

2010 年土地城市化率达到 18.08%，建设用地面积达到 2 964 km^2，人口城市化水平达到 89%，城市户籍总人口达到 1 254 万人，同时城六区人口密度远高于其他区；全市地区生产总值 13 777.9 亿元，经济发展结构呈现“三二一”的产业布局。北京市已经进入城市化快速发展期。

2010 年，北京市生态系统以森林、农田和城镇为主，总比例为 92.0%。其中，森林生态系统主要分布在北部和西部山区，城镇及农田生态系统主要分布在平原地区。北京市的地表覆盖以林地为主，达到 9 060 km^2，占国土面积的 55.25%，其次为耕地，面积为 3 061 km^2，占国土面积的 18.67%，再次为人工表面，面积达到 2 964 km^2，占国土面积的 18.08%。其中人工表面主要分布于城六区（东城区、西城区、海淀区、朝阳区、丰台区和石景山区），而林地和耕地主要分布在城六区外围的其他区县。城六区中，人工表面占 66.65%，林地和耕地分别仅占 17.08%和 8.60%，其他区县人工表面仅占 13.62%，林地和耕地分别占 58.75%和 19.59%，同时城六区的地表覆盖聚集度高于其他区县。

2010 年，北京市森林、草地生态系统质量优、良等级占总面积的比例为 24.15%。其中，森林生态系统优、良等级面积比例分别为 9.51%和 10.00%，质量偏低。草地生态系统面积较小，优、良等级面积比例为 83.01%，质量总体较好。生态系统服务功能极重要和重要区域主要分布于北部和西部山区，分别占全市面积的 40.70%和 16.00%。

北京市森林和草地生态状况较好的区域主要分布于西北部的山区，植被覆盖度和净初级生产力（NPP）较高的区域也主要分布于西北部山区，而城市内部的植被覆盖度和净初级生产力（NPP）均较低。地表水水质呈现出流域上游优良、城镇下游污染严重的格局，浅层地下水受到污染，地下水位持续下降至 24.95 m，以细颗粒物、二氧化氮、臭氧污染物等为代表的复合型空气污染成为制约北京市发展的首要问题之一。

同时，随着城市面积的增加，热岛问题显著表现于城六区及其周边城市扩张区域。北京市的水耗、能耗均明显低于全国平均水平，资源利用效率明显高于全国平均水平，但仍与生态环境与资源的承载能力不协调，亟待进一步改善和调整。尽管资源利用和能源消耗的胁迫持续降低，但城市化对北京市生态环境的重要胁迫作用仍很突出。

二、北京市生态环境 10 年变化

快速城市化下平原地区生态系统格局变化剧烈，主要表现为城镇建设用地迅速扩张和大量农田被挤占，生态系统质量和服务功能下降。1984—2010 年，人工表面面积增长最为迅速，增加了 121.91%，林地和草地也有较大幅度增长，分别增加了 6.93%和 46.72%，耕地面积大幅度减少，下降了将近一半（45.87%）。2000—2010 年是土地覆盖变化最为显著的 10 年，城市大规模扩张导致区域生态空间格局严重失衡，由于人口高速膨胀，北京城市继续呈“摊大饼”方式迅速扩张，人工表面增加 35.58%，林地和草地分别增加 6.62%和 19.20%，而耕地减少 30.69%。城市周边农田生态系统和湿地生态系统大面积减少，区域生态空间格局严重失衡，生态安全受到威胁。

北京市生态环境部分好转，但生态质量、环境质量的改善速度仍满足不了快速城市化的需求。2000 年以来，北京市自然生态系统质量总体向好，城市绿地质量有所提高，但总体水平仍然偏低，与经济社会的高速发展和城市化进程不协调，山区与平原过渡区域以及城乡结合部生态质量有所变差。北京市生态系统服务功能在全市域范围整体有所提高，除防风固沙功能外，生物多样性、土壤保持功能和水源涵养功能整体均有所提高，但限于国土资源和气象地理条件的制约，总体容量与快速增长的需求存在较大的差距，未来需要切实加强与周边区域的协调发展。

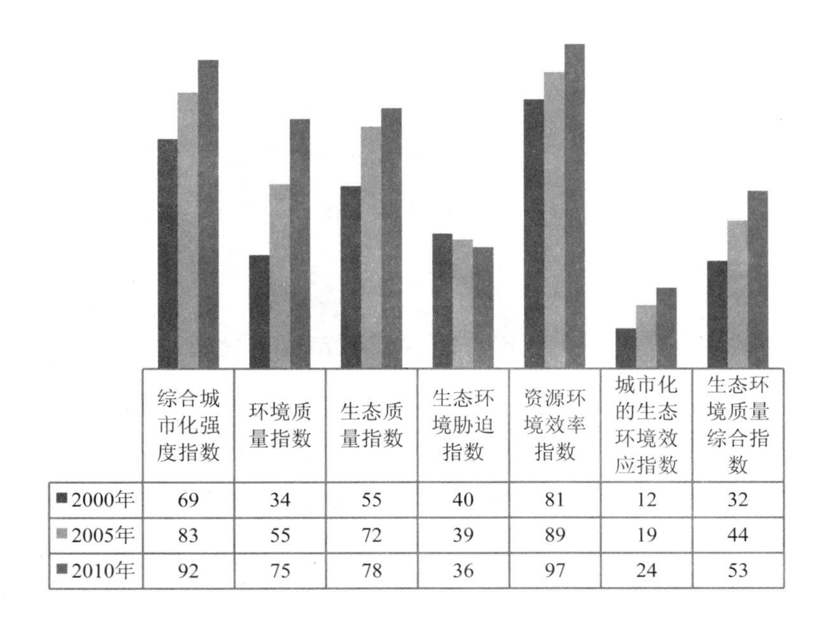

	综合城市化强度指数	环境质量指数	生态质量指数	生态环境胁迫指数	资源环境效率指数	城市化的生态环境效应指数	生态环境质量综合指数
■2000年	69	34	55	40	81	12	32
■2005年	83	55	72	39	89	19	44
■2010年	92	75	78	36	97	24	53

图 1-6　北京市 2000—2010 年生态环境变化

10 年间，北京市环境质量部分改善，但环境空气污染已经成为制约北京市发展的首要环境问题之一。地表水环境质量有所改善，达标河段长度比例增加，主要污染物化学需氧量（COD）浓度降低，但仍有半数水体不达标；地下水质量总体保持稳定，但水位埋藏深度逐年加深，浅层地下水中总硬度、溶解性总固体、硝酸盐氮浓度有升高趋势；空气质量部分指标（如 SO_2）呈逐年降低的趋势，但细颗粒物（$PM_{2.5}$）污染已经成为制约北京市发展的首要环境问题之一，2013 年 $PM_{2.5}$ 年平均浓度高达 89.5 μg/m^3，高出国家新标准 60 μg/m^3 将近 2 倍。

10 年间，北京市的资源环境利用效率显著提高，但在快速城市化的背景下，生态环境与资源的承载能力总量不足，这种效率的提高并没有达到明显改善生态环境的作用。10 年间，北京降雨量减少 10%～20%，地表水的来水量减少 50%～60%，河流断流现象普遍，湖库水面减小，水污染和水资源短缺的问题日益突出。同时，城区面积持续增加，城市生态系统气候调节功能持续下降，导致热岛范围不断扩展、强度增加。长期以来，城市规模不断扩大、人口迅速膨胀、不符合首都功能定位的产业经济的发展等始终是生态环境胁迫的主要表现形式。因此，需要重新审视城市化进程的得失，进一步指导城市未来的规划和建设，以减少对生态环境的胁迫效应。

三、与世界主要大城市及京津冀城市群的比较

与世界的主要大城市比较，北京人口城市化水平仍然偏低，但是差距在逐年缩小。北京目前的土地城市化规模虽然不及纽约、东京-横滨等城市地带，但已经与巴黎、圣保罗等大城市处于同一规模；产业结构整体虽然与世界最为发达的大城市（如东京都）存在一定的差距，但已经整体优于世界和发达国家的平均水平。然而，北京的生态环境质量与世界大城市存在较大差距。以城市 $PM_{2.5}$ 浓度为例，北京市的 $PM_{2.5}$ 浓度显著高于发达国家同等规模的城市，甚至高于部分发展中国家的大城市。

在京津冀城市群中，2000—2010 年北京市的城市化水平提高显著，综合城市化强度指数由 69 提高至 92，环境质量整体提高，环境质量指数由 34 提高至 75；生态质量整体提高，生态质量指数由 55 提高至 78；生态环境胁迫有所缓解，生态环境胁迫指数由 40 降低至 36；资源环境效率指数大幅提升，由 81 提高至 97；城市化的生态环境效应有所缓解，指数由 12 提高至 24；生态环境综合质量有所提高，生态环境质量综合指数由 32 提高至 53。虽然生态环境综合质量整体表现为提高，但发展不均衡，如环境质量中的空气质量已经成为其中最大的短板，因此在今后的生态环境综合评估过程中在强化综合分析的同时，更应该加强短板效应的重点分析，以做到对北京市生态环境的理性解析和管理。

第二章　生态功能区划和绿色空间

第一节　北京市生态功能区划

生态功能区划是根据区域生态系统格局、生态环境敏感性与生态系统服务功能空间分布规律，将区域划分成不同生态功能的地区。生态功能区划是实施区域生态分区管理、构建生态安全格局的基础，为编制生态保护与建设规划、维护区域生态安全、促进社会经济可持续发展与生态文明建设提供科学依据。对贯彻落实科学发展观，牢固树立生态文明观念，维护区域生态安全，促进人与自然和谐发展具有重要意义。

一、《北京生态功能区划》的编制

2000 年，国务院颁布了《全国生态环境保护纲要》，明确了生态保护的指导思想、目标和任务，要求开展全国生态功能区划工作，为经济社会持续、健康发展和环境保护提供科学支持。2004 年，胡锦涛总书记强调指出："开展全国生态区划和规划工作，增强各类生态系统对经济社会发展的服务功能。" 2005 年，国务院《关于落实科学发展观　加强环境保护的决定》再次要求"抓紧编制全国生态功能区划"。国家"十一五"规划纲要明确要求对 22 个重要生态功能区实行优先保护，适度开发。

为贯彻落实党中央、国务院编制全国生态功能区划的有关要求，从2001年开始，国家环境保护总局会同有关部门组织开展了全国生态现状调查。在调查的基础上，中国科学院以甘肃省为试点开展了省级生态功能区划研究，并编制了《全国生态功能区划规程》。2005年，中国科学院汇总完成了《全国生态功能区划》初稿，之后由国家环境保护总局会同中国科学院先后召开十余次专家分析论证会，并征求国务院各有关部门和各省、自治区、直辖市的意见，于2008年发布了《全国生态功能区划》，并于2015年进行了修编。《北京市生态功能区划》则由北京市环境保护局和中国科学院于2005年编制完成。

二、全国生态功能区划中的北京

根据中科院全国生态功能区划研究的划分，北京市地跨京津唐城镇与城郊农业生态区和燕山—太行山山地落叶阔叶林生态区两个大区。京津唐城镇与城郊农业生态区又可分为北京中心城市生态亚区和京津唐城郊农业生态亚区。燕山—太行山山地落叶阔叶林生态区包含太行山山地落叶阔叶林生态亚区、永定河上游间山盆地林农草生态亚区、冀北及燕山山地落叶阔叶林生态亚区三个亚区。

《全国生态功能区划》（修编版）中，北京市包含京津冀北部水源涵养区、太行山区水源涵养和土壤保持区和京津冀大都市群三个区域，其中前两区为重要生态功能区。京津冀北部水源涵养区包括密云水库、官厅水库等，主要存在水资源过度开发、环境污染加剧、森林生态系统质量低、水源涵养功能与土壤保持功能弱、水土流失和水库泥沙淤积比较严重等问题。太行山区水源涵养和土壤保持区主要包括西山起向南延伸山区，主要存在水土流失敏感性高、山地森林生态系统严重退化等问题。

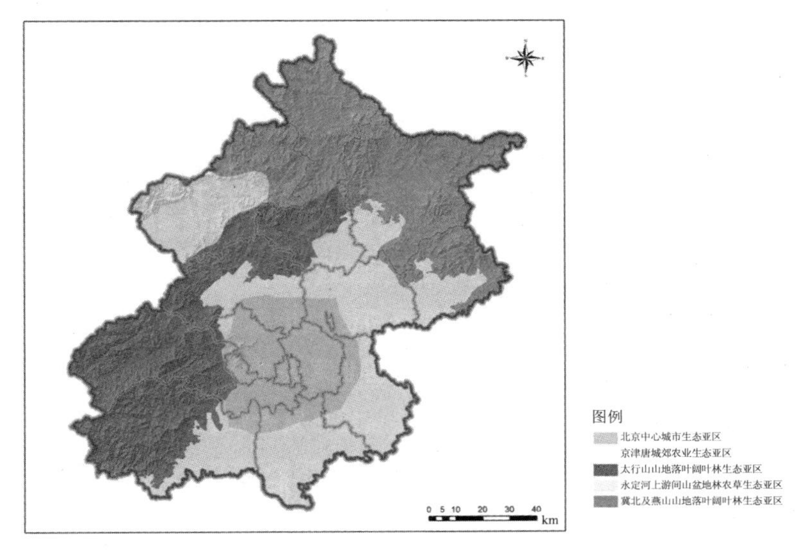

图 2-1 中国生态功能区划北京市部分

三、北京市生态功能区划

中国科学院在北京市生态环境现状、生态环境敏感性、生态系统服务功能重要性等评价研究的基础上，将一系列相同比例尺的评价图，采用空间叠置法、相关分析法、专家集成等方法，按生态功能区划的等级体系，通过自上而下划分方法进行北京市生态功能区划。根据划分结果，全市可按地貌、人类活动强度等划分为三个生态区，即西部北部山区、东部南部平原区、城市及城乡结合区。其中，西部北部海拔在 100 m 以上的区域，主要是山区，多为自然景观，受人类影响相对较小，划为西部北部山区；六环以内人类活动剧烈，生态过程受到人类控制或干扰，划为城市及城乡结合区；其余东南部远郊农业区域划为东部南部平原区。

生态亚区是在生态区的基础上，根据流域进行划分，主要有密云水库集水区、温榆河上游与怀柔水库集水区、永定河—拒马河上游山区、官厅水库集水区、平谷山区、潮白—温榆河山前平原区、潮白河下游平原区、永定河下游平原区、平谷平原区、城区、城乡结合区，共 11 个生态亚区。

最后根据生态服务功能重要性以及生态环境敏感性空间差异，将北京划分为 41 个生态功能区。

Ⅰ 西部北部山区

西部北部山区生态区位于北京市西部和北部，包括延庆县的全部，平谷区的北部和东部，密云县东部和西北部大部分地区，怀柔区中部、北部和西南部大部分地区，昌平区的西部和北部地区，门头沟大部分地区以及房山西北部地区。面积为 1 006.3 km^2。包含 5 个生态亚区及 24 个生态功能区。

Ⅰ1 密云水库集水区

密云水库集水区位于北京远郊东北部，地处燕山南麓，华北平原北缘，是华北平原向蒙古高原的过渡地带，面积为 3 620.8 km^2。

Ⅰ1-1 汤河上游水源涵养区

Ⅰ1-2 白河水库上游水源涵养区

Ⅰ1-3 汤河口镇水土保持区

Ⅰ1-4 白马关河水源涵养区

Ⅰ1-5 云蒙山生态旅游区

Ⅰ1-6 安达木河水土保持区

Ⅰ1-7 密云水库二级水源保护区

Ⅰ1-8 密云水库一级水源保护区

Ⅰ2 温榆河上游与怀柔水库集水区

温榆河上游与怀柔水库集水区位于京郊东北部，地处燕山南麓，地势北高南低。总面积为 1 292.3 km^2。

Ⅰ2-1 怀柔水库水源涵养及慕田峪风景区

Ⅰ2-2 怀柔水库水源涵养区

Ⅰ2-3 八达岭—十三陵风景名胜区

Ⅰ2-4 怀柔水库一级水源保护区

Ⅰ2-5 怀柔水库二级水源保护区

Ⅰ3 永定河—拒马河上游山区

永定河—拒马河上游山区位于北京远郊西南部，属华北平原与太行山脉过渡地带。由西北向东南依次为中山、低山、丘陵、岗台地、洪冲积平原、冲积平原。其面积为 3 069.5 km^2。

Ⅰ3-1 灵山生物多样性保护区

Ⅰ3-2 永定河上游水土保持区

Ⅰ3-3 百花山生物多样性保护区

Ⅰ3-4 房山西部水土保持区

Ⅰ3-5 十渡风景名胜区

Ⅰ3-6 周口店文化遗产保护区

Ⅰ4 官厅水库集水区

官厅水库集水区位于北京远郊西北部，主要在延庆县境内，东邻怀柔，西靠河北怀来，南连昌平，北接河北赤城。面积为 1 080.5 km^2。

Ⅰ4-1 松山生物多样性保护区

Ⅰ4-2 延庆城镇—农业生态区

Ⅰ4-3 官厅水库水源保护区

Ⅰ5 平谷山区

平谷山区位于北京远郊东北部，平谷区以及密云县东南部，面积为 943.6 km^2。

Ⅰ5-1 平谷水土保持区

Ⅰ5-2 金海湖—大峡谷—大溶洞风景名胜区

Ⅱ东部南部平原区

东部南部平原区位于北京市东南平原区，面积为 4 168 km^2。行政区上包括房山区、大兴区的东南部，通州区的南部和东北部，顺义区的东部和西北部，昌平区的中东部，平谷区的中部和西南部，密云县的西南部分，怀柔区的东南角。该区主要由永定河、潮白河、温榆河、拒马河和沟河、错河水系洪冲积作用形成，地势平坦，坡度1‰～3‰。包含4个生态亚区及12个生态功能区。

Ⅱ1 潮白—温榆河山前平原区

潮白—温榆河山前平原区位于市郊中北部，包括怀柔、顺义、昌平的大部分地区，面积为1 541.2 km^2。

Ⅱ1-1 京密引水渠及山前保护区

Ⅱ1-2 潮白河密云段防风固沙区

Ⅱ1-3 潮白河山前平原城镇—农业生态区

Ⅱ1-4 水源八厂水源保护生态区

Ⅱ2 潮白河下游平原区

潮白河下游平原区位于北京东郊，地处北京平原东南部，主要有通州六环以外全部、顺义东南角、大兴的东部等，面积为838.1 km^2。

Ⅱ2-1 潮白河通州段防风固沙区

Ⅱ2-2 东南城镇—农业生态区

Ⅱ2-3 西集镇泄洪区

Ⅱ3 永定河下游平原区

永定河下游平原区位于北京市远南郊，属永定河洪冲积平原，面积为1 330.9 km^2。

Ⅱ3-1 房山东部城镇—农业生态区

Ⅱ3-2 永定河下游蓄洪区

Ⅱ3-3 永定河下游防风固沙区

Ⅱ4 平谷平原区

平谷平原区位于北京远郊东北部，距市中心约70 km。东北、南与河北省兴隆、三河县相连，东南与天津市蓟县为邻，西与顺义区，北与密云县接壤，面积为465.6 km^2。

Ⅱ4-1 平谷平原农业生态区

Ⅱ4-2 平谷应急水源保护生态区

Ⅲ城市及城乡结合区

城市及城乡结合区位于六环以内，包括北京市中心城区、卫星城以及周边的中心镇。行政区上包括东城区、西城区、崇文区、宣武区以及朝阳区、石景山区、昌平区的东南部、顺义区的东南部、通州区的西部、大兴区的西北部、房山区的东北角，总面积为 2 228.0 km^2。包含 2 两个生态亚区及 5 个生态功能区。

Ⅲ1 城区

北京城区主要包括北京市的东城、西城、崇文和宣武全部以及朝阳、海淀、石景山、丰台和大兴部分，面积约为 559.6 km^2。

Ⅲ1-1 第一道绿化隔离区

Ⅲ1-2 中心城区

Ⅲ1-3 历史文化名城保护区

Ⅲ2 城乡结合区

城乡结合区环北京城区，包括丰台、朝阳、海淀、石景山四区及门头沟、大兴、通州的部分地区，面积为 1 668.4 km^2。

Ⅲ2-1 第二道绿化隔离区

Ⅲ2-2 北京环城卫星城发展区

第二节 北京市主体功能区规划

一、《北京市主体功能区规划》的编制

自 2005 年起，北京市在全国率先探索实行了区县功能定位，分类指导区域发展，在实践中取得了良好成效。2010 年，国务院印发《全国主体功能区规划》，将北京市确定为国家优化开发区域，要求进一步优

化北京市主体功能区发展。北京市于2012年发布了《北京市主体功能区规划》（以下简称《规划》），此《规划》注重引导各功能区域的差异化发展，成为全市国土空间开发的战略性、基础性和约束性规划，是指导北京市科学推进功能区域建设、丰富发展内涵、更好发挥首都职能的行动纲领。

《规划》根据《国务院关于编制全国主体功能区规划的意见》《全国主体功能区规划》《中共北京市委　北京市人民政府关于区县功能定位及评价指标的指导意见》，参考《北京市国民经济和社会发展第十二个五年规划纲要》《北京城市总体规划（2004—2020年）》《北京市土地利用总体规划（2006—2020年）》等相关规划编制，基准年为2010年，主要目标年为2020年。规划范围为北京市行政辖区，国土面积16 410.5 km^2。

二、功能分区结果

将全市国土空间确定为四类功能区域和禁止开发区域。四类功能区域覆盖全部辖区面积，总面积16 410.5 km^2。其中：

首都功能核心区，包括东城区和西城区，共32个街道，常住人口216.2万人，土地面积92.4 km^2。该区域是本市开发强度最高的完全城市化地区，主体功能是优化开发，同时也要保护区域内故宫等禁止开发区域，适度限制与核心区不匹配的相关功能。

城市功能拓展区，包括朝阳区、海淀区、丰台区、石景山区，共70个街道、7个镇、24个乡，常住人口955.4万人，土地面积1 275.9 km^2。该区域是本市开发强度相对较高、但未完全城市化的地区，主体功能是重点开发，要坚持产业高端化、发展国际化、城乡一体化。同时，也要优化提升商务中心区（CBD）、中关村核心区等较为成熟的高端产业功能区，严格保护颐和园、西山国家森林公园等禁止开发区。

城市发展新区，包括通州区、顺义区、大兴区（北京经济技术开发区）以及昌平区和房山区的平原地区，共24个街道、56个镇、1个乡，常住人口 541.8 万人，土地面积 3 782.9 km^2。该区域是本市开发潜力最大、城市化水平有待提高的地区，主体功能是重点开发，要加快重点新城建设，同时，要优化提升临空经济区和北京经济技术开发区等基本成熟的高端产业功能区，严格保护汉石桥湿地自然保护区等禁止开发区。

生态涵养发展区，包括门头沟区、平谷区、怀柔区、密云县、延庆县以及昌平区和房山区的山区部分，共 14 个街道、79 个镇、15 个乡（含昌平区的 7 个镇，房山区的 1 个街道、9 个镇和 6 个乡），常住人口 247.8 万人，土地面积 11 259.3 km^2。该区域是保障本市生态安全和水资源涵养的重要区域。主体功能是限制开发，要限制大规模、高强度工业化、城镇化开发。要重点培育旅游、休闲、康体、文化创意、沟域等产业，推进新城、小城镇和新农村建设。要严格保护长城、八达岭—十三陵风景名胜区等各类禁止开发区。

四类功能区域地区生产总值比例为 23∶47∶26∶4，常住人口比例为 11∶49∶27∶13，土地面积比例为 0.6∶7.8∶23.0∶68.6。

禁止开发区域，是按照《全国主体功能区规划》有关要求，禁止进行工业化城镇化开发、需要特殊保护的重点生态空间，呈片状分布于上述四类功能区域。本市禁止开发区域包括世界自然文化遗产、自然保护区、风景名胜区、森林公园、地质公园和重要水源保护区，总面积约 3 023 km^2，约占市域总面积的 18.4%。该区域按照《中华人民共和国森林法》《风景名胜区条例》等现行法律法规规定和相关规划实施保护和利用。

三、各类功能区发展定位、目标及原则

（一）首都功能核心区

发展定位：首都功能核心区是首都“四个服务”职能的主要承载区；是元、明、清三朝都城遗址主体所在地，历史文化遗产分布的核心地，

古都历史文化风貌的集中展示区；是文化旅游和公共文化服务集中分布区；是金融机构、总部企业聚集地，国家金融管理核心区。

发展目标：服务中央党政军群领导机关和国家重大政治活动的能力得到进一步巩固和提升，创建一流政务服务环境。历史文化资源得到妥善保护和充分挖掘，历史文化名城魅力进一步彰显。现代服务业高端化集聚化发展，巩固国家金融管理中心地位，形成具有较强国际竞争力的金融产业集群，金融服务业增加值占全市的比重进一步提高。开发建设强度得到适当控制，人口和功能得到有效疏解。

发展原则：

——有机更新。区域建设发展要以保护和传承历史文化为宗旨，坚持以存量更新为重点，改造硬件与丰富内涵并重，以小规模、渐进式为主，防止大拆大建。

——疏导并重。优先支持服务功能提升和古都风貌保护，重点支持金融等高端服务业加快发展，疏解人口和功能，转移低端产业，严格控制一般性开发建设。

——集约优化。实施严格的节地、节水、节能、节材标准，严格控制开发强度与建设规模，统筹规划、合理利用地上与地下空间。

（二）城市功能拓展区

发展定位：城市功能拓展区是首都面向全国和世界的高端服务功能的重要承载区，是首都经济辐射力和控制力的主要支撑区，是中关村国家自主创新示范区的主要集中地，是北京集中展示现代化国际大都市的重要区域。

发展目标：自主创新能力和国际高端资源集聚能力显著提升，高新技术产业、现代服务业、文化创意产业等高端产业国际竞争力显著提升，城乡结合部得到良好治理，社区和人口服务管理能力显著提升，常住人口比重适当降低。

发展原则：

——高端高效。积极推进经济结构调整和升级，加速发展方式由要素推动型向创新引领型转变，提高产业准入标准，进一步提升高端功能区产业层级。

——先行先试。在自主创新、国际化、城乡一体化发展等方面加大改革创新力度，走在“两个率先”前列。

——协调发展。统筹区域和城乡协调发展，公共资源配置和重大产业项目布局向南部、西南部地区适当倾斜。

（三）城市发展新区

发展定位：城市发展新区是首都战略发展的新空间和推进新型城市化的重要着力区，是首都经济发展的新增长极，是承接产业、人口和城市功能转移的重要区域，是首都高技术制造业和战略性新兴产业聚集区，是都市型现代农业生产和示范基地。

发展目标：成为全市经济发展重心、高技术制造业和战略性新兴产业聚集区，国际航运和物流中心功能全面实现；重点新城建设取得明显进展，城镇化进程不断加快，宜居水平进一步提升，逐步承接中心城人口转移；基本农田得到有效保护，建成一批现代农业园区，农产品质量安全和供应保障能力进一步增强。

发展原则：

——高端精品。瞄准世界城市建设目标，借鉴国内外新城先进经验，高水平规划，高起点建设，高标准管理，确保高端、精品、一流的建设水准。

——有序开发。统筹发展基础、发展潜力和承载能力，合理安排开发时序，科学配置生态、农业和城市建设三类空间，优化空间布局。

——强化承载。基础设施、公共服务和生态环境建设先行，现代服务业和现代制造业集群发展，优化城镇体系。

（四）生态涵养发展区

发展定位：生态涵养发展区是首都生态屏障和重要水源保护地，是沟域经济等生态友好型产业发展建设的示范区，是构建首都城乡一体化发展新格局的重点地区，是保证北京可持续发展的关键区域。

发展目标：区域生态空间进一步优化，生态调节与水资源涵养功能更趋完善。生态友好型经济成为主导，旅游休闲、会议会展、文化创意、绿色能源等低碳高端产业日益壮大。区域人口适度集聚，基本公共服务实现均等化。

发展原则：

——生态优先。强化生态保护，完善生态补偿机制，健全生态屏障体系和生态服务功能。

——适度开发。严格强化耕地保护，控制区域开发强度，适度提高现有开发区容积率和土地使用效率。

——绿色导向。坚持把环境保护作为产业发展的前提，加快退出高耗能、高污染行业，建立生态友好型产业体系。

（五）禁止开发区域

区域定位：禁止开发区域是指依法设立的各级各类需要特殊保护、禁止工业化和城镇化开发的区域，是本市维护良好生态、保护古都风貌的重要区域，是北京建设先进文化之都、和谐宜居之都的重要保障。

管制原则：

——依法管理。按照国家相关法律法规，明确执法主体，建立完善执法体系，依法查处各类违法违规行为。

——严格保护。建立政府主导、社会监督、公众参与的多层次监管体系。除必要的交通、保护、修复、监测及科学实验设施外，禁止任何与资源保护无关的建设。

——集约利用。利用区域内独特的环境、文化资源，充分发挥教育、科研等功能，适当拓展休闲观光、科考探险功能。增强科技、资金投入，不断提高耕地的综合生产能力、生态服务能力和景观美化能力。

第三节 北京市绿色空间新体系

2017 年 9 月，中共中央、国务院批复《北京城市总体规划（2016—2035 年）》（以下简称《总体规划》）。《总体规划》提出了构建城市空间结构，开展生态修复，建设两道一网，提高生态空间品质，划定生态控制、生态保护红线、永久基本农田保护红线等“三线”，健全市域绿色空间体系的任务要求。

一、城市空间结构

《总体规划》第 17 条：为落实城市战略定位、疏解非首都功能、促进京津冀协同发展，充分考虑延续古都历史格局、治理“大城市病”的现实需要和面向未来的可持续发展，着眼打造以首都为核心的世界级城市群，完善城市体系，在北京市域范围内形成“一核一主一副、两轴多点一区”的城市空间结构，着力改变单中心集聚的发展模式，构建北京新的城市发展格局。

1．一核：首都功能核心区

首都功能核心区总面积约 92.5 km^2。

2．一主：中心城区

中心城区即城六区，包括东城区、西城区、朝阳区、海淀区、丰台区、石景山区，总面积约 1 378 km^2。

3．一副：北京城市副中心

北京城市副中心规划范围为原通州新城规划建设区，总面积约 155 km^2。

4．两轴：中轴线及其延长线、长安街及其延长线

中轴线及其延长线为传统中轴线及其南北向延伸，传统中轴线南起永定门，北至钟鼓楼，长约 7.8 km，向北延伸至燕山山脉，向南延伸至北京新机场、永定河水系。

长安街及其延长线以天安门广场为中心东西向延伸，其中复兴门到建国门之间长约 7 km，向西延伸至首钢地区、永定河水系、西山山脉，向东延伸至北京城市副中心和北运河、潮白河水系。

5．多点：5 个位于平原地区的新城

多点包括顺义、大兴、亦庄、昌平、房山新城，是承接中心城区适宜功能和人口疏解的重点地区，是推进京津冀协同发展的重要区域。

6．一区：生态涵养区

生态涵养区包括门头沟区、平谷区、怀柔区、密云区、延庆区，以及昌平区和房山区的山区，是京津冀协同发展格局中西北部生态涵养区的重要组成部分，是北京的大氧吧，是保障首都可持续发展的关键区域。

二、提高生态空间品质

《总体规划》第 28 条：对绿地、水系、湿地等自然资源和生态空间开展生态环境评估，针对问题区域开展生态修复。重点规划建设绿道系统、通风廊道系统、蓝网系统。研究建立生态修复支持机制，不断提高生态空间品质。

1．构建多功能、多层次的绿道系统

依托绿色空间、河湖水系、风景名胜、历史文化等自然和人文资源，构建层次鲜明、功能多样、内涵丰富、顺畅便捷的绿道系统。以市级绿道带动区级、社区绿道建设，形成市、区、社区三级绿道网络。到 2020 年中心城区建成市、区、社区三级绿道总长度由现状约 311 km 增加到约 400 km，到 2035 年增加到约 750 km。

2．构建多级通风廊道系统

建设完善中心城区通风廊道系统，提升建成区整体空气流通性。到2035年形成5条宽度500 m以上的一级通风廊道，多条宽度80 m以上的二级通风廊道，远期形成通风廊道网络系统。划入通风廊道的区域严格控制建设规模，逐步打通阻碍廊道连通的关键节点。

3．构建水城共生的蓝网系统

构建由水体、滨水绿化廊道、滨水空间共同组成的蓝网系统。通过改善流域生态环境，恢复历史水系，提高滨水空间品质，将蓝网建设成为服务市民生活、展现城市历史与现代魅力的亮丽风景线。到2020年中心城区景观水系岸线长度由现状约180 km增加到约300 km，到2035年增加到约500 km。

三、优化生态空间格局

保护和修复自然生态系统，维护生物多样性，提升生态系统服务。加强自然资源可持续管理，严守生态底线，优化生态空间格局。强化城市韧性，减缓和适应气候变化。整合生态基础设施，保障生态安全，提高城市生态品质，让人民群众在良好的生态环境中工作生活。构建多元协同的生态环境治理模式，培育生态文化，增强全民生态文明意识，实现生活方式和消费模式绿色转型。

（一）大幅度提高生态规模与质量

《总体规划》第48条提出：

1．划定生态控制线

以生态保护红线、永久基本农田保护红线为基础，将具有重要生态价值的山地、森林、河流湖泊等现状生态用地和水源保护区、自然保护区、风景名胜区等法定保护空间划入生态控制线。到2020年全市生态控制区面积约占市域面积的73%。到2035年全市生态控制区比例提高到 75%，到 2050 年提高到 80%以上。

2．划定永久基本农田保护红线

坚决落实最严格的耕地保护制度，坚守耕地规模底线，加强耕地质量建设，强化耕地生态功能，实现耕地数量、质量、生态三位一体保护。2020 年耕地保有量不低于 166 万亩。

严格划定永久基本农田，按照依托现实、空间和谐、集中连片、不跨区界的原则，进一步调整优化 9 个基本农田集中分布区，2020 年基本农田保护面积 150 万亩。

3．划定并严守生态保护红线

以生态功能重要性、生态环境敏感性与脆弱性评价为基础，划定全市生态保护红线，占市域面积的 25%左右。强化生态保护红线刚性约束，勘界定标，保障落地。

4．强化生态底线管理

严格管理生态控制区内建设行为，严格控制与生态保护无关的建设活动，基于现状评估分类制定差异化管控措施，保障生态空间只增不减、土地开发强度只降不升。

5．加强生态保育和生态建设

统筹山水林田湖等生态资源保护利用，严格保护生态用地，提升生态服务功能。山区开展整体生态保育和生态修复，加强森林抚育和低效林改造，提高林分质量。推进对泥石流多发区、矿山治理恢复区等重点地区的土地利用综合整治。平原地区重点提高绿地总量和质量，构建乔灌草立体配置、系统稳定、生物多样性丰富的森林生态系统，强化生态网络建设，优化生态空间格局。统筹考虑生态控制区内村庄长远发展和农民增收问题，建设美丽乡村。

6．加强浅山区生态修复和建设管控

加强沿平原地区东北部、北部及西部边缘浅山带的生态保护与生态修复，加大生态环境建设投入，鼓励废弃工矿用地生态修复、低效林改造等，提高生态环境规模和质量。加强规划建设管控，严控增量建设和开发强度，实施违建住宅、小产权房等存量建设的整治和腾退。推动浅山区特色小城镇和美丽乡村建设，将浅山区建设成为首都生态文明示范区。

（二）健全市域绿色空间体系

《总体规划》第 49 条提出：

构建多类型、多层次、多功能、成网络的高质量绿色空间体系。完善以绿兴业、以绿惠民政策机制，不断扩大绿色生态空间。着力建设以绿为体、林水相依的绿色景观系统，增强游憩及生态服务功能，重塑城市和自然的关系，让市民更加方便亲近自然。

1．构建“一屏、三环、五河、九楔”的市域绿色空间结构

强化西北部山区重要生态源地和生态屏障功能，以三类环型公园、九条放射状楔形绿地为主体，通过河流水系、道路廊道、城市绿道等绿廊绿带相连接，共同构建“一屏、三环、五河、九楔”网络化的市域绿色空间结构。

一屏：山区生态屏障

北京市山区面积占市域总面积的 62%，约 1.1 万 km^2，主要分布在西北部，形成一道天然的绿色屏障。山区生态建设对于提高水源涵养、保持水土、防风固沙、保护生物多样性等生态服务功能，改善首都生态环境具有重要作用。充分发挥山区整体生态屏障建设，加强绿化建设和生态修复，全面完成荒山绿化，开展废弃矿山生态修复，实施低效林改造和森林健康经营，提高生态资源数量和质量。严格控制浅山地区开发建设，充分发挥山区水源涵养、水土保持、防风固沙、生物多样性保护等重要的生态服务功能。

三环：一道绿隔城市公园环、二道绿隔郊野公园环、环首都森林湿地公园环

推进第一道绿化隔离地区公园建设，力争实现全部公园化。通过合理的公园绿地体系规划、绿道体系规划和自然游憩空间规划构建城市公园环，形成市民出行半小时到达的休闲圈，满足市民日常及周末休闲需求；

提高第二道绿化隔离地区绿色空间比重，推进郊野公园建设（北郊森林公园、南郊森林生态郊野公园、东郊森林休憩公园和西北郊历史文化公园），形成以郊野公园和生态农业为主的环状绿化带。由四大郊野公园、森林公园、风景名胜区等共同构建一小时休闲圈，满足市民周末及其他假期回归自然的游憩休闲需求；

合力推进环首都森林湿地公园建设。整合京津冀现有自然保护区、风景名胜区、森林公园等各类自然保护地，构建环首都国家公园体系，形成环首都国家森林湿地公园环，完善京津冀区域生态空间体系，防止北京周边地区连片发展。

五河：永定河、潮白河、北运河、拒马河、泃河为主构成的河湖水系

以五河为主线，通过加宽加厚、改造提高主要干线道路和河道两侧绿化带，使干线道路每侧形成宽度在 50 m 以上的永久绿化带，重要水系每侧形成宽度 200 m 以上的永久绿化带，并构建 1 000～2 000 m 宽的绿化控制范围，形成河湖水系绿色生态走廊。逐步改善河湖水质，保障生态基流，提升河流防洪排涝能力，保护和修复水生态系统，加强滨水地区生态化治理，营造水清、岸绿、安全、宜人的滨水空间。

九楔：九条楔形绿色廊道

打通九条连接中心城区、新城及周边跨界地区的楔形生态空间，推进机场高速沿线、通惠河两岸、小月河、京沪、京台、京石、南中轴、永定河引水渠、环铁周边两侧绿化带建设。将城区九楔与市域九楔在空

间上相衔接，市域九条放射性楔形绿色空间向中心城区渗透，形成沟通中心城区和外围自然空间、联系西北部山区森林和东南部平原区的多条大型生态走廊，六环以内九楔范围内森林覆盖率原则上不低于50%。

2．建设森林城市

到2020年全市森林覆盖率由现状41.6%提高到44%，到2035年不低于45%。其中，到2020年平原地区森林覆盖率由现状22%提高到30%，到2035年达到33%。重点实施平原地区植树造林，在生态廊道和重要生态节点集中布局，增加平原地区大型绿色斑块，让森林进入城市。调整农业产业结构，发挥最大的生态价值。

3．构建由公园和绿道相互交织的游憩绿地体系，优化绿地布局

将风景名胜区、森林公园、湿地公园、郊野公园、地质公园、城市公园六类具有休闲游憩功能的近郊绿色空间纳入全市公园体系。新建温榆河公园等一批城市公园。加强浅山区生态环境保护，构建浅山休闲游憩带。完善市级绿道体系，形成由文化观光型绿道、带状廊道游憩型绿道和河道滨水休闲型绿道共同组成的绿道体系。现状建成市级绿道约500 km，区级绿道约210 km。到2020年建成市级绿道800 km，区级及社区绿道400 km。到2035年建成市级绿道1 240 km以上，示范带动1 000 km以上区级及社区绿道建设。优化城市绿地布局，结合体育、文化设施，打造绿荫文化健康网络体系。到2020年建成区人均公园绿地面积由现状16 m^2提高到16.5 m^2，到2035年提高到17 m^2。到2020年建成区公园绿地500 m服务半径覆盖率由现状67.2%提高到85%，到2035年提高到95%。

第三章　自然生态保护

第一节　生物多样性保护

一、生物多样性概况

北京受暖温带大陆性季风气候的影响，形成暖温带落叶阔叶林的地带性植被，并表现出随海拔高度的变化垂直分布的特征。虽然由于开发历史较长，人为破坏严重，原始植被难以见到，但山地与平原的过渡性地形地貌使得境内地形复杂，生态系统多样，其丰富的生物多样性在世界大城市中还是较为少见的，为北京市的可持续发展提供了必要的物质基础和生态安全保障。

（一）植物多样性

北京是我国近代植物调查开始最早的地区之一，早在 18—20 世纪，就有不少外国学者在北京采集标本，撰写报告。1958 年，吴征镒先生撰写了《北京植物》。1960 年北京师范大学生物系出版了《北京植物志》第一版，第二版和第三版分别于 1984 年、1992 年出版，补充和记录了新种和新变种。1992—2005 年，又陆续发现若干新记录种。一些学者对以上文献和资料进行了整理，共记录维管束植物 174 科，

856 属，2 276 种（含变种及亚种等种下单位），其详细组成见表 3-1。可以看出，北京市维管束植物中约 95%为被子植物，占据绝对优势。与全国相比，北京市维管束植物总种数约占全国 7%，其中裸子植物最高，超过 1/6，而蕨类植物仅为 3%左右；随着物种分类级别的提升，其所占比例也大幅上升，总科数的比例超过四成，而裸子植物甚至达到一半以上。与华北其他省市相比，北京市维管束植物种数远高于天津市，与其他省市种数相当，但面积仅为其他省的 1/10 左右；去除面积因素的丰富度指数表明，北京的维管束植物物种丰富度在华北五省市中是最高的。

表 3-1　北京市植物物种及其与全国对比

	植物分类	科	属	种
北京[①]	蕨类植物	19	31	80
	裸子植物	6	15	35
	被子植物	149	810	2 161
	共计	174	856	2 276
全国[②]	蕨类植物	63	231	2 640
	裸子植物	11	42	201
	被子植物	346	3 100	30 000
	共计	420	3 373	32 841
占全国比例/%	蕨类植物	30.16	13.42	3.03
	裸子植物	54.55	35.71	17.41
	被子植物	43.06	26.13	7.20
	共计	41.43	25.38	6.93

注：①王光美，2006；②吴征镒等，2004。

表 3-2 华北五省市维管束植物多样性比较

省/市	种数[1]①	面积/km²	丰富度指数②	种数占全国百分比/%
北京	2 276	16 410	234	6.93
河北	2 800	190 000	230	8.53
天津	1 486	11 305	159	4.52
山东	2 472	156 700	207	7.53
山西	2 381	156 300	199	7.25

注：①表中数据引自王光美（2006）；②丰富度指数=（S−1）/ln$A$，S 为物种数，A 为面积，下同。

重点保护物种方面，北京市分布有中国特有属 12 属，共计 13 种，本地特有种 5 种，40 种受威胁物种，25 种被列入国家重点保护植物物种，187 种北京市重点保护物种。去掉被重复收录的物种，北京市在生物多样性保护工作中应该重点关注的物种共有 207 种（王光美，2006）。

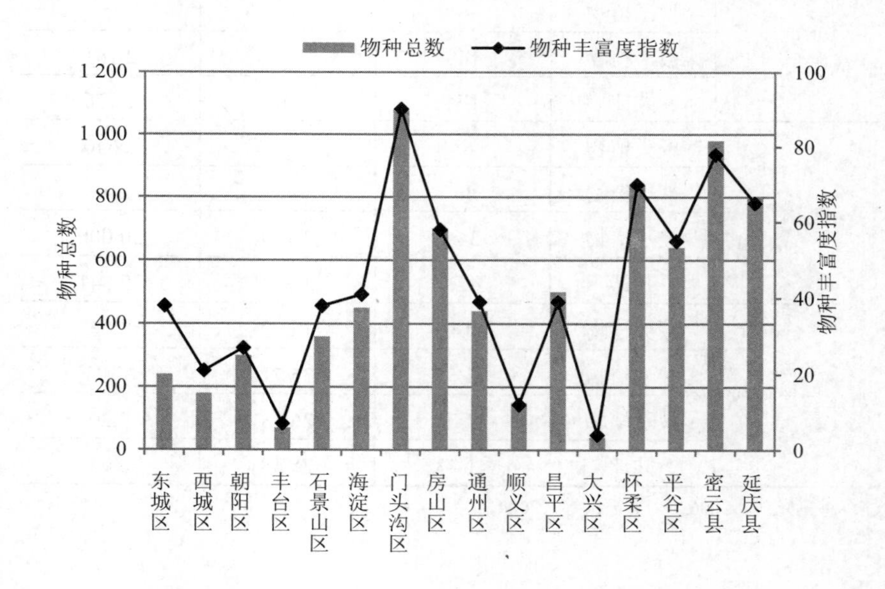

图 3-1 北京市不同区县维管束植物物种总数与物种丰富度指数

注：图中数据引自李景文等，2012。

北京市维管束植物种类在空间分布上极不均匀。总体上看，以西部和北部山区多样性最高，其中，门头沟区最高，拥有 1 078 种维管束植物，其次为密云县和怀柔区，这些地区生境保存较好，人为干扰较轻，区内植被类型多样，物种丰富。而中心城区和东南部平原地区由于人为干扰强烈、生境破碎，物种多样性极低，如大兴区、丰台区和顺义区，植被类型以人工为主，物种极为匮乏。物种多样性指数与物种总数趋势类似，说明在区县尺度上，北京维管束植物多样性受面积因素影响并不大，而受地形和人为干扰影响较大。

（二）动物多样性

北京山区复杂多样的地理条件和植被类型为各种野生动物提供了优越的栖息环境，但是由于最近 100 年间各种人为干扰因素的影响，特别是近年来人口数量的激增和城市化的扩张，本地区大多数野生动物的数量呈下降趋势，一些种类已绝迹或分布区限制在极其狭窄的范围内。根据北京市动物多样性本底调查结果显示，目前已知北京市共有各类动物 2 600 余种（季延寿等，2008）。

北京市两栖动物共有 1 目 5 科 8 种，主要分布在怀柔、密云、顺义、昌平和城区的湿地和森林之中。这 8 种两栖动物中国家重点保护动物 1 种，为大鲵（*Andrias davidianus*）。北京地区重点保护动物 5 种。属于世界自然保护联盟（IUCN）极危物种的有大鲵、近危物种的有黑斑蛙（*Rana nigromaculata*）（吴雍欣，2010）。

北京现有爬行动物共 22 种，隶属于 3 目 6 科，分布于全市的林地、农田和城区湿地等各种生态环境。北京地区重点保护的爬行动物有 15 种。属于 IUCN 易危动物的有鳖（*Trionyx sinensis*）等 9 种（吴雍欣，2010）。

北京现有鸟类共 367 种，隶属于 18 目 62 科。中国特有种 2 目 8 科 10 种，国家级保护动物 57 种，市级保护动物 162 种，受保护动物物种数达 219 种，占全市鸟类总数的 59.67%，根据 IUCN 名录，北京地区存在受威胁物种 34 种，其中濒危种 2 种，易危种 16 种，近危种 16 种。不同类群鸟类的分布随其生活型的特点而异，水禽常见于中、低山带的河流与水库，鸣禽类常见于阔叶林或混交林中，陆禽则在开阔灌丛草甸活动频繁，具有食腐习性的鸦科鸟类常集群活动于村落附近（吴雍欣，2010）。

北京现有兽类 58 种，分别隶属于 19 个科、46 个属。其中国家级保护动物 6 种，市级保护动物 25 种，受保护动物物种数达 31 种，占总数的 50.82%。中国特有种 3 目 6 科 9 种，均为小型哺乳动物。根据 IUCN 红色名录，北京地区存在受威胁野生物种 27 种。其中：极危种 2 种，濒危种 3 种，易危种 10 种，近危种 12 种（吴雍欣，2010）。

北京现有野生鱼类动物 9 目 15 科 84 种。其中，中国特有种 3 种，这 3 种同时也是 IUCN 红色名录中的易危种。有些种类在北京分布范围较窄，不仅有经济价值，而且在动物地理学上也有很重要的研究价值，应当受到重点保护（吴雍欣，2010）。

与全国各类群物种数相比（表 3-3），北京市脊椎物种数占全国 8% 以上，其中鸟类最高，占近三成；而北京市位于内陆，湿地也较少，因此鱼类和两栖爬行类所占比例都较低。考虑到内陆省市与沿海省市在鱼类多样性上存在较大差距，仅对陆栖脊椎动物进行相互比较，与华北其他省市相比（表 3-4），北京市陆栖脊椎动物种数远高于同为直辖市的天津，与其他省种数相当，而去除面积影响的物种丰富度指数表明，北京的陆栖脊椎动物的丰富度同样为华北最高。

表 3-3　北京市脊椎动物种数及与全国对比

动物分类	北京市种数[①]	全国种数[②]	占全国比例/%
两栖类	8	284	2.82
爬行类	22	376	5.85

动物分类	北京市种数[1]	全国种数[2]	占全国比例/%
鸟类	367	1 244	29.50
兽类	58	581	9.98
鱼类	84	3 862	2.18
共计	539	6 347	8.49

注：①吴雍欣. 北京地区生物多样性评价研究. 北京林业大学，2010；

②中国国家生物多样性信息交换所网站. 生物多样性一般情况介绍 [EB/OL].http：// www.biodiv.gov.cn/。

表 3-4 华北五省市陆栖脊椎动物比较

省/市	两栖类	爬行类	兽类	鸟类	共计	丰富度指数	数据来源
北京	8	22	58	367	455	47	吴雍欣，2010
河北	23	8	80	420	531	44	王洪梅，2004
天津	7	18	40	190	255	27	董洁等，1996
山西	12	27	65	329	433	36	马妮，2011
山东	10	27	55	406	498	42	陆宇燕等，1999 石磊等，2004 朱承刚等，2005

（三）生态系统多样性

北京市地形复杂多样，自然资源丰富，受温带大陆性季风气候的影响，地带性植被类型为暖温带落叶阔叶林，并表现出一定的垂直梯度特征。北京的自然生态系统主要有森林生态系统、灌丛生态系统、草甸生态系统和湿地生态系统（图 3-2）。

由于人类活动的干扰，北京的天然林已所剩无几，大部分为新中国成立后所种植，北京市的森林生态系统主要包括针叶林、落叶阔叶林和针阔混交林。针叶林主要分布于西部和北部山区，有温性的油松林、侧柏林和寒温性的华北落叶松林。落叶阔叶林则类型较多，分布遍及山区，平原也有分布，主要有栎类混交林、山杨林、白桦林、椴树林等。针阔混交林主要分布于西部和北部山区。灌丛是北京另一类主要的生态系统类型，主要为落叶阔叶灌丛，包括荆条灌丛、绣线菊灌丛、胡枝子灌丛、山杏灌丛等，广泛分布于北京中山、低山和丘陵地区。北京地区的草甸类型为亚高山草甸，主要分布于东灵山、百花山和海坨山等海拔 1 800 m 以上的地区。

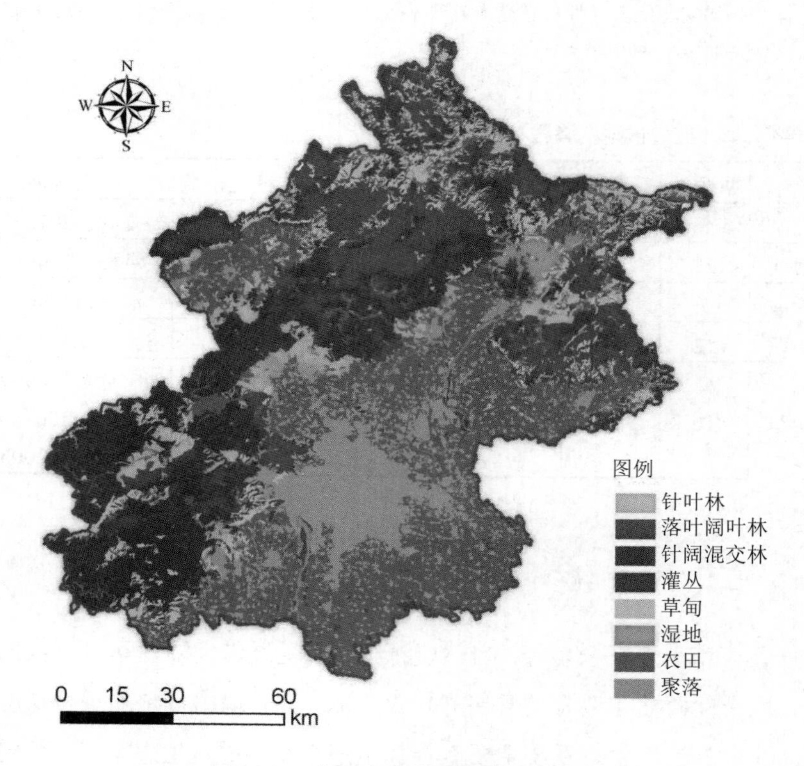

图 3-2　北京市生态系统类型分布

北京的湿地主要为河流、湖泊、水库和大型水渠等。包括永定河、潮白河、大清河、北运河及蓟运河等五大水系以及野鸭湖、密云水库、官厅水库以及公园的人工湿地等。植被类型主要有芦苇沼泽、香蒲沼泽和一些浅水植物群落等。

（四）遗传多样性

北京也具有十分丰富的种质资源多样性，植物种质资源主要包括以下几类：①果树类，如京白梨、京枣39、华玉桃等；②作物蔬菜类，作物如京麦6号、京麦8号，蔬菜如京春娃娃菜、京葫一号等；③野生植物类，如榛、山楂等；④中草药，如苦参、五味子等；⑤其他经济、观赏物种等。动物种质资源包括农场动物和实验动物百余种，如家禽中的北京鸭和宠物中的京巴犬等都非常著名（季延寿等，2008）。这些种质资源均具有重要的潜在基因价值。

二、生物多样性保护状况

（一）生物多样性受威胁现状

1．城市的扩张

生境的破坏是生物多样性下降的主要原因。北京山区具有复杂的自然地理条件和多样的植被类型，为各种野生动物生存提供了优越的栖息环境，随着城区的不断扩张，以中心大区在城市边缘区的面状城市化占优势，呈现出“摊大饼”的发展格局。城区的无序扩展严重破坏了栖息地的生境质量，动植物生存面积不断缩小，呈岛屿状碎片分布，对本地的生物多样性构成严重威胁，致使多数野生动植物的种类和数量呈下降趋势，一些种类已绝迹或分布区限制在极其狭窄的范围内。

2．高强度的旅游开发

京郊旅游近年来得到迅速发展，而由于过度的开发，旅游给当地的环境带来巨大压力，并对生物多样性构成直接威胁。就民俗游而言，2004年北京市已经有11区县、50多个乡镇、331个村开展了乡村民俗游工作，累计接待游客900万人，靠近公路的有水区域绝大部分已被开发利用（邹统钎，2005）。然而，由于缺乏有力监管措施，以及人们环境意识的相对淡薄，破坏环境的现象几乎普遍存在。在怀柔区和延庆县，为发展旅游业，大量养殖虹鳟鱼招徕游客。养殖的饵料、宰杀和烤制虹鳟鱼的废物以及游客带来和产生的垃圾，没有经过任何处理就在密云水库上游排放，对水源构成严重污染。风景名胜区植被受旅游影响也非常严重。以东灵山为例，1960 年以前，交通不便，人烟稀少，植被受人类活动影响较小。而从 20 世纪 80 年代被开辟为东灵山风景区以来，由于游客的增多以及被为发展旅游业而放养的骡马践踏，东灵山亚高山草甸生态系统群落盖度由当时的 50%左右下降到不足 10%，高度也由 90 cm 降低到 48 cm。从江水河旁山麓到主峰，出现多条游人踩出来的交叉网状登山路线，宽达几米至数十米，几乎已成为裸地。一些花朵大而醒目的植物，由于人为选择采摘而物种多度明显下降；马匹的践踏和选择性采食，则引起草甸生态系统群落、结构和功能的变化，在群落高度和盖度降低的同时，一年生植物相对多度升高，使群落稳定性降低（高贤明等，2002）。海拔 1 700 m 以上的马场附近和顶峰地区，草高仅 10 cm，由于牲畜的过分践踏使草甸严重退化，在 50 m 样线上仅出现 11～19 种植物，并出现大片车前草（*Plantago* sp.）等退化指示种和裸露斑块。灵山次峰至三峰间发育了数条近 100 m 长的大冲沟，达 2 m 宽 3 m 深，是由于放牧、骑马道和人行道引起的流水侵蚀与冻融侵蚀造成的（陈昌笃等，2006）。

3．外来物种入侵

外来入侵物种是指自然或人为地由原生态系统中引入到新生境中的生物。外来物种虽可在一定程度上丰富本地物种组成，有些作为经济植物还产生经济效益，但有些物种由于没有天敌等限制，其种群会迅速扩张蔓延，危害当地物种，从而成为入侵物种。外来物种入侵已经是全球生物多样性最为严重的威胁之一（刘全儒等，2002）。经过调查和文献分析，确定北京的外来入侵植物有 91 种，隶属 25 科，70%的种类为杂草，其中，来源于世界各地的入侵植物有 66 种，另有 25 种来源于国内其他地区。外来入侵植物已经对北京生物多样性带来很大的危害，特别是繁殖力极强或有毒的外来植物。如豚草（*Ambrosia artemisiifolia* L.）和三裂叶豚草（*Ambrosia trifida*）是危害人类健康和作物生产的危险性杂草，每株能产种籽 1 万粒以上，种子抗逆力强，对多种植物产生抑制、排斥作用，而成为大面积单优群落（王大力，1995）。假高粱（*Solghum haleponse*）产自地中海，也是一种有毒的恶性杂草，繁殖力极强，不但可使牧草和农田严重减产，甚至威胁人畜健康（刘全儒等，2002）。另外，有资料报道，西花蓟马（*Frankliniella occidentalis*）有极强的适应性、广泛的寄主范围和较强的生殖繁育能力，可危害 500 余种植物，取食植株的茎、叶、花、果汁液，导致植株枯萎，同时还传播多种病毒（贾春虹等，2005）。北京人口众多，经济发展迅速，庞大的人流和物流很容易给外来物种增加入侵机会，同时北京复杂的地理条件也会给入侵物种提供合适的生态位，因此，北京市的生物入侵对生物多样性的危害也不容小觑。

4．生态系统功能退化

由于长期人为的干扰，北京市森林生态系统遭受了极大的破坏。原始林已经不复存在，随着人类对森林生态功能重要性认识程度的逐步提高，人为地采取了封山育林、人工种植等保护、恢复措施，部分次生林、灌丛逐步得到恢复，加上人工林的营造，北京市的森林覆盖率由“九五”期间的 47.5%提高到“十五”期间的 58.08%。尽管这些措施对北京地区的森林生态系统的恢复在一定程度上起到积极的作用，但是由于天然林面积较小且生态系统不成熟、不完善；人工林结构简单，物种多样性低下，甚至为纯林；森林群落和食物链呈现不同程度的破碎化；林龄结构以中幼林居多；加上病虫害等外因，致使北京市的森林生态系统功能退化，水土保持和水源涵养能力低下，而生态系统向地带性顶极群落发展需要相当长的过程。另外，不合理的土地利用方式导致土地沙化严重，永定河、潮白河、大沙河、康庄及南口等五大重点风沙危害区成为主要的本地沙尘源，植被退化严重。

虽然北京作为国际性大都市，城市化和工业化高度发展，但由于所处地理位置的独特性，多样的生境仍然提供了丰富的生物多样性，这在国际上也是非常少见的。其维管束植物和陆栖脊椎动物在华北五省市中都具有最高的丰富度。同时，截至 2010 年，北京已建成各类保护区 20 个，保护了关键的物种及其生境，初步形成了功能健全的自然保护区网络体系。然而，从生物多样性威胁现状可以看到，北京的生物多样性保护也面临着巨大的压力。如何兼顾城市化与生物多样性保护，如何协调人类与其他生物之间的用地矛盾，如何解决旅游开发与生境维护的冲突等，都是生物多样性保护的难题。因此，积极利用北京丰富的科研院所和高校的人才资源，在持续进行生物资源普查、定点监测生物多样性动态变化、加强生物多样性保护基础科学研究的同时，应发挥首都优势，加强科普宣传，提升市民生物多样性保护意识，为城市的生物多样性保护作出有益的探索。

（二）生物多样性保护成效

生物多样性是人类可持续发展的基础，中国加入《生物多样性公约》以来，北京市政府一直对生物多样性保护与利用给予高度重视，贯彻和落实国家的政策法规，结合北京的实际情况制定地方法规，不断完善各种制度，针对北京市生物多样性现状制定修改了北京城市发展总体规划，对动植物保护工作进行了立法，建立了自然保护区、良种场和动物园、植物园，加强了病虫害防治和生物入侵控制，实施了一系列相关的生态工程，并积极开展各种形式的科普宣传教育交流活动，在首都生物多样性保护与利用工作方面做了大量工作，增进了人们对生物多样性保护与利用知识的了解。众多科研机构和高校也为摸清北京市生物多样性的本底情况开展了大量基础工作，取得了丰硕的成果。

1．就地保护

建立自然保护区是保护生物多样性及其生境的重要手段，截至 2005 年，北京共建成各类自然保护区 20 个，总面积达到 13.4 万 hm^2，占全市国土面积的 8%。已初步形成了类型比较齐全、功能基本完善的自然保护区网络体系，有效地保护了现有的野生动植物及其生境。

另外，北京市古树名木种类之多、数量之大，在世界城市中极为罕见，是本地生物多样性的一大特色。近年来，各级政府和园林文物部门对古树名木进行了多次的普查、登记、造册、存档，并加强了科学管理和精心养护。并在 1986 年和 1990 年两次颁布保护古树名木的法规，并展开了相关的研究课题。北京共有古树名木 30 多个树种，已知百年以上的古树名木超过 4 万株，已知树龄在 300 年以上的一级古树名木 3 804 株，100～300 年的二级古树 34 603 株，占 85%。其中城区的古树占一半以上，约 20 000 多株，郊区约 18 235 株；全市范围内有古树群 100 余处，古树名木数量占全市古树名木总数的 90%以上。

2．迁地保护

迁地保护是在就地保护的基础上，对国家重点保护、受严重威胁的珍稀濒危特有或具有重要经济价值的物种所采取的一种重要的抢救性保护措施。北京注重物种的迁地保护，建立了以动物园、植物园良种场基地等为主体的保护基地，围绕物种的收集、引种驯化进行生物多样性的异地保护。

在植物方面，北京植物园作为北京市的综合植物园，承担着收集展示植物材料、保护植物种质资源、进行植物科学研究、普及植物科学知识和推广新优植物种类的重要任务，是华北地区重要的植物资源保护库，也是专门从事植物引种驯化理论研究和实验的科研基地。占地面积 400 hm^2，园内收集展示各类植物 10 000 余种（含品种）150 余万株，包括国家重点保护植物 100 余种。南园以引种栽培珍稀濒危植物和有重要经济价值的植物为主，北园重点收集和保护北京及“三北”地区的园林植物种类，保护北京地区典型生态类型和名贵园林植物。并在兰科（Orchidaceae）和仙人掌科（Cactaceae）植物搜集方面居于国内领先地位，并积极对野生花卉进行了引种和应用保护。另外，北京教学植物园作为为学生实习、科普及环境教育、生物实验和劳技实习材料繁育供应、校园绿化美化提供服务的教育教学单位，也种植植物 1 800 余种。北京药用植物园收集药用植物约 1 300 种。

在动物方面，开展动物异地保护的单位有十多家，包括北京动物园、北京野生动物园、北京野生动物救助中心、北京猛禽救助中心、北京麋鹿生态中心等单位。北京动物园是北京动物物种资源研究保护基地，作为国内历史最悠久的大型现代动物园，对于珍稀濒危动物的迁地保护起到了无法替代的重要作用。现饲养展览动物 450 余种、5 000 多只，其中兽类 149 种，鸟类 273 种；海洋鱼类 500 余种、1 000 多尾。多项珍稀动物繁殖、饲养技术都已处于国际领先水平。特别是大熊猫馆、两栖爬行动物馆、夜行动物馆、金丝猴馆、犀牛河马馆等专门馆舍的建立为珍稀濒危野生动物的研究、保护和发展作出了积极贡献，取得了世界瞩目的成就。另外，北京麋鹿苑保存着国家级保护物种麋鹿。北京野生动物园饲养展出的动物共计 200 余种、10 000 余只，其中国家一级保护种类 54 种，二级保护种类 62 种，国外引进动物 42 种。

3．科学研究

对生物本底资料的基础科学研究是保护生物多样性的基础，北京市拥有众多国内一流科研院所与高校，具有无可比拟的先天优势。早在 20 世纪 60 年代，北京市就开始了生物多样性本底调查工作，并在 1962 年出版了《北京植物志》，成为国内较早出版的地方植物志之一。各相关机构、部门也有针对性地展开了生物资源本底调查，形成了如《北京市野生植物名录》《北京市重点保护农业野生植物名录》《北京市园林绿化普查资料》等一系列成果。此后，《北京鱼类和两栖、爬行动物志》、《北京鸟类志》以及《北京兽类志》的相继出版，标志着北京市物种多样性的本底资料已经基本完善。

此外，在北京市政府、市科委和市园林绿化局的推动下，相关职能部门、科研院所与高校联合开展了一系列重大科研项目，包括“北京市风景名胜区生物多样性保护研究”“北京城市绿地模拟自然植物群落研究与示范”“北京城市建成区生物多样性现状评价及其保护规划”“北京市重要植物种质资源调查、评价研究”等，为优先保护重点物种及其分布区奠定了基础。

4．生态工程

北京市从生物多样性保护角度出发，合理构筑生态格局，实施了多项生态工程。“十五”期间，城市、平原、山区三道绿色生态屏障基本形成，物种栖息地、自然生态系统保留地和水源涵养地面积大幅增加，生态环境得到了明显改善。主要成果有：城市绿化水平明显提高，城市公共绿地达 8.91 万亩，其中新建万米以上大型绿地 100 多处，总面积达 9 000 多亩，形成了点、线、面、带、环、网相结合的城市绿地系统。城市绿化隔离地区绿化建设工程基本完成，共实现绿化面积 116 km^2，形成了 7 块万亩以上的绿色板块。以“五河十路”为主体的平原绿色生态屏障建设工程基本完成，共实现绿化面积 38.5 万亩，第二道绿化隔离地区绿化工程新增绿地 8 万亩，平原地区林木绿化率达到 23.57%，初步形成了以绿色生态走廊为基础的高标准防护林体系。山区林地建设方面，林地面积已达到 1 321 万亩，森林覆盖率达到 46.6%，基本形成了山区绿色生态屏障。防沙治沙也取得明显成效，建成了 100 多万亩的固沙片林，对遏制当地生态系统退化、改善首都的生态环境质量起到了积极作用。北京市还在全国率先实施中幼林抚育工程，完成了重点地区 300 万亩中幼林抚育任务，有效地调整了林分结构，促进了林木生长，提高了森林生态效益和社会效益。此外，北京市政府计划从 2012 年开始，利用 5 年左右的时间，实现新增森林面积 100 万亩，届时，平原地区森林覆盖率将达到 25%以上，净增 10.32 个百分点，这对于北京市生物多样性的保护、大气质量和居民生态环境的改善具有重要意义。

5．法律法规

针对野生动物保护，北京市在1989年制定了《北京市实施〈中华人民共和国野生动物保护法〉办法》，并在1997年进行了修改。1991年，制定了《北京市核发野生动物〈驯养繁殖许可证〉管理办法》。此后，2008年，经市政府批准公布了《北京市一级保护野生动物名录》和《北京市二级保护野生动物名录》，其中市一级保护野生动物从原来的32种增加到48种，市二级保护野生动物从原来的136种增加到174种。同年，《北京市重点保护野生植物名录》正式公布并实施，80种植物被纳入其中，并规定，凡是列入保护名录的植物今后都不得随意采摘、砍伐，否则会受到不同程度的经济处罚。2012年，北京市农业局针对水生生物，审定通过了《北京市地方重点保护水生野生动物名录》，标志着17种北京野生鱼类将受到《北京市实施〈中华人民共和国野生动物保护法〉办法》的保护。这一系列法律法规的颁布以及野生动植物保护名录的公布为北京市生物多样性的保护提供了重要的法律支撑。

6．科普宣传

北京市还大力开展了相关的科普活动。1998—2012年，市园林绿化局同市科委联合在全市范围内举办了15届生物多样性保护科普宣传月活动，该活动聘请相关专家现场普及生物多样性知识，动员全社会关心生物多样性保护，营造了良好的社会氛围，取得了良好的效果。各区县园林主管部门、各公园、风景名胜区、部分街道社区都积极响应，开展了内容丰富、形式多样、贴近百姓的科普活动500多项，发放各种宣传材料1 000万份，把保护生物多样性、人与自然和谐发展等理念灌输到市民的意识中。市园林局还充分利用公园、街头绿地等场所，结合各自的文化活动，对人们进行生物多样性科普宣传，成果显著。

（三）生物多样性保护面临的问题与挑战

经过几十年的努力，北京市生物多样性保护工作取得了一定的成绩，已经从抢救性保护阶段进入了优化发展阶段。然而，还存在不少问题，面临诸多挑战。

首先，在自然保护区建设管理方面，大部分保护区分布在省界或区县界交界的北部和西部山区，导致土地权属不清，划界不明，制约了自然保护区的有效保护，引发了自然保护区与区内及周边社区尖锐的矛盾冲突，给实际管理带来很多不便。其次，自然保护区内的资源往往涉及农业、水利、渔业、林业、环保等多个管理部门，造成管理部门业务相互交叉，整体协调困难。保护区内部管理也存在职责分工不够明确、科室协调性差、科研和宣教的能力不强、人员配备不完善等问题，未能充分发挥自然保护区的作用。最后，部分保护区基础设施薄弱，经费投入缺乏也是突出的问题，导致人员工资待遇低，不能吸引高素质人才，在相关建设方面也捉襟见肘，少数保护区不得不利用旅游收入来补贴自然保护区日常运行，严重制约和阻碍了北京市自然保护区事业的发展。大部分保护区仍不具有独立进行科研调查的能力，仍需要相关科研机构和高校来辅助完成，更加缺乏对自然资源、自然环境的定位与动态变化监测，对保护区的未来发展极为不利。

在城市绿地生物多样性方面，本土化、乡土化物种保护和利用不足，自然植物群落和生态群落破坏严重；城市园林绿化植物物种减少、品种单一；城市河流、湖泊、沟渠、沼泽地、自然湿地面临高强度的开发建设；城市生态系统和部分地区生态环境开始恶化。

其他方面，生物多样性保护法律和政策体系尚不完善，生物多样性监测和预警体系尚未建立，应对生物多样性保护新问题的能力不足，社会生物多样性保护意识也需要进一步提高。

结合北京现状，为更好地完成北京市生物多样性保护工作，今后应在五个方面对生物多样性保护工作进行加强和完善。一是结合北京市自然保护区的定位，制定自然保护区建设管理规范，加大资金投入力度，培训相关从业人员，加强科研和宣传力度，实现北京市自然保护区由规模数量型向质量效益型转变。二是组织编制生物多样性保护规划和实施计划，开展北京市生物多样性保护专项科研，建立生态环境及物种变化监测点。三是规范城市绿地苗木使用种类和规格，丰富人工自然群落的植物物种，加强本土化和乡土化植物的利用。四是进一步完善生物多样性保护法律法规和政策体系。五是加强生物多样性科普活动，不但要提高公众生物多样性保护意识，更要使其以实际行动参与其中。

第二节　自然保护区建立

一、北京市自然保护区发展历程

（一）初期发展时期（1980—1986 年）

20 世纪 80 年代，鉴于北京市自然资源遭受破坏的程度及全国自然保护区的建设形势，北京市有关部门开始把自然保护区的建设工作纳入议事日程。1983 年，国务院批准的《北京城市建设总体规划》方案中确定了在灵山、百花山、松山、云蒙山、雾灵山等生态环境较好、动植物资源较为丰富的山区建立不同类型的自然保护区的意向。

北京市自然保护区建设始于 20 世纪 80 年代初期，并率先提出“社区共建”理念。北京三面环山，一面平原，地处南北方动植物区系的过渡性地带，野生动植物资源比较丰富，由于地理位置和区位的重要，发展和建设自然保护区事业具有重要意义。1980 年 6 月，17 个学会代表提出建立百花山—灵山、喇叭沟门自然保护区的建议；1981 年 12 月，市政府办公会讨论规划建立 8 个保护区问题，原则同意建立保护区意见，决定“先搞一二处试点”，由试点所在区（县）社队参加，共同研究保护区的范围，保护区的管理，以及怎样处理好保护区与当地群众的利益等问题，制定具体的管理办法，然后再逐步推开。1980—1986 年，先后分别建立了松山国家级自然保护区、百花山市级自然保护区，总面积达 6 471 hm^2。

（二）停滞和缓慢发展时期（1987—1998 年）

随着社会发展和改革开放的深入进行，北京市政府把工作的重点逐渐放到发展经济和城市建设上来，在这段时期，北京市自然保护区的建设进入了缓慢发展甚至是停滞的阶段。在 1987—1998 年长达 12 年的时间里，北京市只在 1996 年 11 月批建了两个市级水生野生动物自然保护区，总面积为 1 236 hm^2。

（三）快速发展时期（1999—2005 年）

随着北京申办 2008 年奥运会目标的确定，北京市自然保护区的建设进入了一个快速发展的时期，在长达 12 年的停滞阶段以后，在 1999—2000 年这短短两年间，先后建立了 12 个自然保护区，随后在 2001—2005 年这四年间建立了 4 个自然保护区，并且扩建了百花山自然保护区。截至 2005 年年底，北京市共建成自然保护区 20 个。

（四）优化发展时期（2006 年至今）

在经历了快速增长阶段后，北京市在自然保护区的数量和规模方面取得了一定的成果，形成类型较齐全、布局较合理的自然保护区网络。但由于自然保护区在长期发展过程中尚有诸多遗留的困难和问题，在规模数量问题解决的同时，保护区建设管理的质量效益问题日益凸显：自然保护区基础设施薄弱，管理人员少、素质较低；自然保护区管理中缺乏对保护的目的、功能以及目标的准确定性、定位，管理工作明显滞后于划分，管理体制不够规范，保护区有效管理尚待加强；周边社区落后，群众自然保护意识淡薄；经费缺乏仍是保护区建设突出问题，由于经费投入不足，管理和科技人员严重不足。这些问题严重制约了北京市自然保护区的建设、管理水平及整体生态功能的发挥。

因此，在这一背景下，北京市自然保护区的建设和管理进入了优化发展阶段，由“规模数量型”向“质量效益型”转变。2008 年 1 月 14 日，国务院办公厅印发《关于发布北京百花山等 19 处新建国家级自然保护区名单的通知》（国办发〔2008〕5 号），百花山自然保护区经国务院审定，晋升为国家级自然保护区。2017 年，批准建立水头区级自然保护区。截至 2017 年年底，北京已建立各类自然保护区 21 个，其中国家级 2 个，市级 12 个，区级 7 个，总面积 13.83 万 hm^2，占北京市国土面积的 8.43%。现有的自然保护区保全了全市 80%的野生动物物种和超过 60%的高等植物物种及其生境，使北京地区最高质量的自然环境、最优美的自然景观和最珍贵的地质遗迹与古生物遗迹得到有效保护。初步形成了多功能的自然保护体系，覆盖了水生、陆生、湿地等多个生态系统，包含森林、湿地、自然遗迹等多种类型，具有恢复地带性植被、改善区域环境、开展自然科学研究和普及生态保护知识等多种功能，为北京市生态环境的保护和恢复作出了重要贡献。

二、北京市自然保护区现状

（一）数量和面积

北京市自 1985 年建立了第一个自然保护区以来，经过 30 多年的努力，在自然保护区的建设发展方面取得了显著成效。截至 2017 年，北京已建立各类自然保护区 21 个，其中国家级 2 个，市级 12 个，区级 7 个，总面积 13.83 万 hm^2，占北京市国土面积的 8.43%。

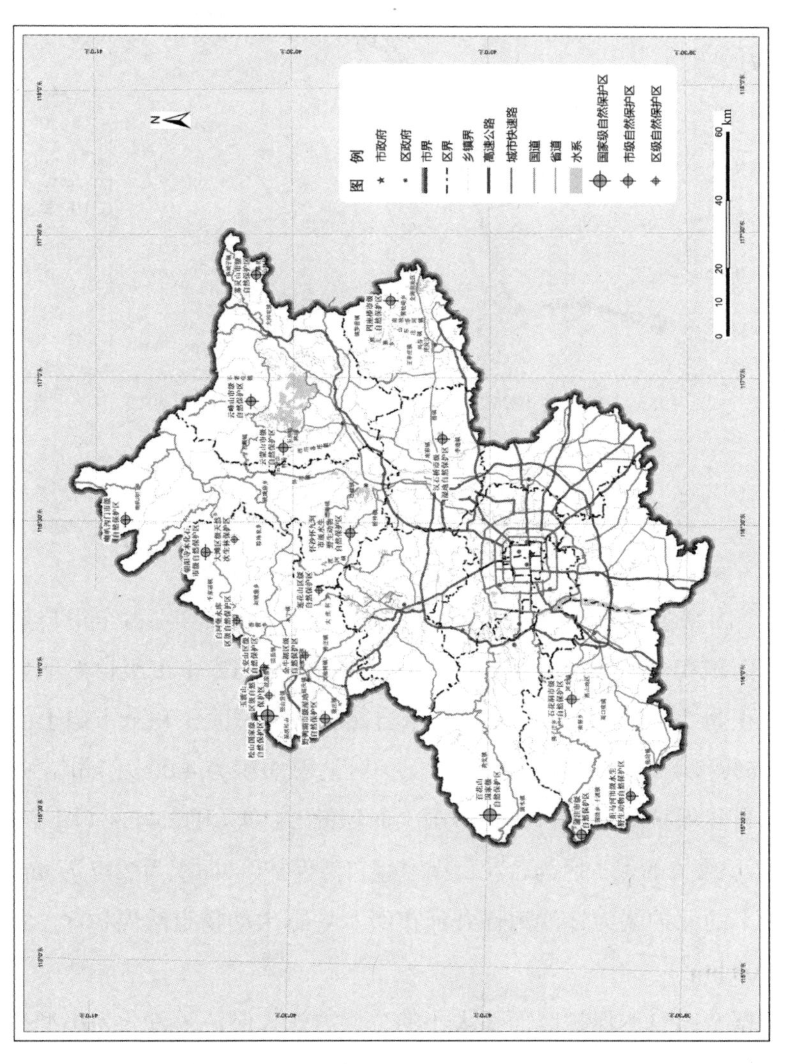

图 3-3　北京市自然保护区分布图

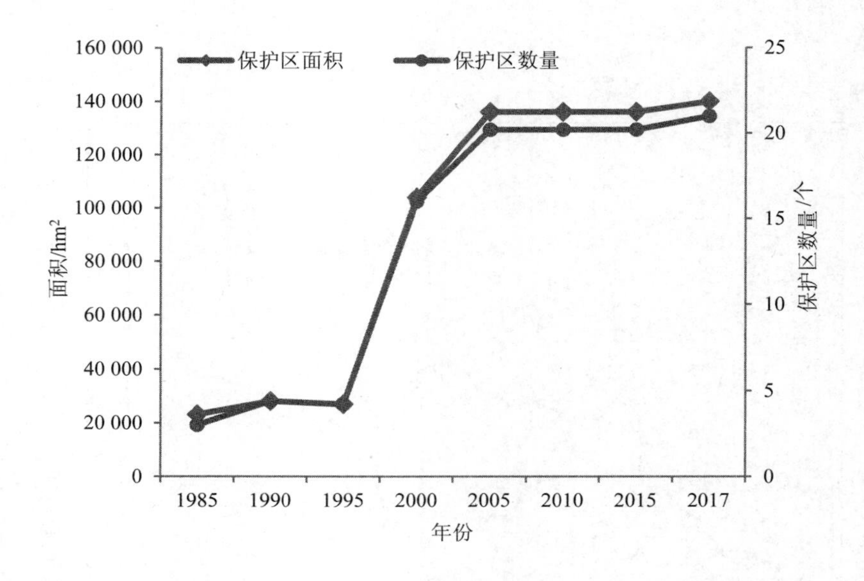

图 3-4　北京市自然保护区面积和数量变化趋势

2 个国家级自然保护区的总面积为 2.80 万 hm^2，分别占全市自然保护区总面积和全市国土面积的 20.21%和 1.70%；12 个市级自然保护区的总面积为 7.04 万 hm^2，分别占全市自然保护区总面积和全市国土面积的 50.86%和 4.29%；7 个区级自然保护区的总面积为 4.00 万 hm^2，分别占全市自然保护区总面积和全市国土面积的 28.94%和 2.44%（图 3-5）。其中，面积最大的保护区为百花山国家级自然保护区（面积为 2.17 万 hm^2），面积最小的保护区为怀沙河怀九河市级水生野生动物自然保护区（面积为 111.00 hm^2）。

根据全国自然保护区面积大小的分类方法，保护区可分为小型、中型、大型三个类型。北京市自然保护区没有面积在 10 万 hm^2 以上的大型自然保护区，面积为 1 万～10 万 hm^2 之间的中型自然保护区共有 4 个，占自然保护区总数的 19%；以面积在 1 万 hm^2 以下的小型自然保护区为主，共有 17 个，占总数的 81%。

表 3-5 2010 年北京市自然保护区现状一览表

序号	自然保护区名称	行政区域	占地面积/ hm^2	批建时间	保护对象
林业主管、环保局监管自然保护区					
1	松山国家级自然保护区	延庆县	6 212	1986.7	金钱豹、兰科植物、油松天然林
2	百花山国家级自然保护区	门头沟区	21 743	1985.4	褐马鸡、兰科植物、落叶松温带次生林
3	喇叭沟门市级自然保护区	怀柔区	18 483	1999.12	天然次生林
4	野鸭湖市级湿地自然保护区	延庆县	6 873	1999.12	湿地、候鸟
5	云蒙山市级自然保护区	密云区	4 388	1999.12	次生林自然演替
6	云峰山市级自然保护区	密云区	2 233	2000.12	天然油松林
7	雾灵山市级自然保护区	密云区	4 152	2000.12	金钱豹等珍稀动植物
8	四座楼市级自然保护区	平谷区	19 997	2002.12	森林生态系统
9	玉渡山区级自然保护区	延庆县	9 082	1999.12	森林与野生动植物
10	莲花山区级自然保护区	延庆县	1 256	1999.12	野生动植物
11	大滩区级自然保护区	延庆县	15 432	1999.12	天然次生林及野生动植物
12	金牛湖区级自然保护区	延庆县	1 243	1999.12	湿地

序号	自然保护区名称	行政区域	占地面积/hm^2	批建时间	保护对象
13	白河堡区级自然保护区	延庆县	7 973	1999.12	水源涵养林
14	太安山区级自然保护区	延庆县	3 682	1999.12	森林及野生动植物
15	蒲洼市级自然保护区	房山区	5 396	2005.3	褐马鸡、中华蜜蜂、森林生态系统
16	汉石桥市级湿地自然保护区	顺义区	1 900	2005.3	湿地及候鸟
17	水头区级自然保护区	延庆县	1 362	2017.9	森林生态系统，动植物资源及其栖息地
农业渔政主管、环保局监管自然保护区（也属湿地类型）					
18	拒马河市级水生野生动物自然保护区	房山区	1 125	1996.11	大鲵等水生野生动物
19	怀沙河怀九河市级水生野生动物自然保护区	怀柔区	111	1996.11	大鲵、中华九刺鱼、鸳鸯等水生野生动物
国土地质主管、环保局监管自然保护区					
20	石花洞市级自然保护区	房山区	3 650	2000.12	溶洞群
21	朝阳寺市级木化石自然保护区	延庆县	2 050	2001.12	木化石

（二）类型结构

依据《自然保护区类型与级别划分原则》（GB/T 14529—93），我国的自然保护区类型可划分为 9 种类型，分别是：森林生态系统、草原与草甸生态系统、荒漠生态系统、内陆湿地和水域生态系统、海洋与海岸生态系统、野生动物、野生植物、地质遗迹和古生物遗迹类型。北京市自然保护区按类型结构划分共有 3 类，分别是：森林生态系统、湿地生态系统和地质遗迹类型。在数量和面积上，森林生态系统类型的自然保护区占绝大多数，总数为 14 个，占北京市自然保护区总数的 66.7%，面积为 12.14 万 hm^2，占总面积的 87.75%；其余依次为湿地类型，数量为 5 个（占 23.8%），面积为 1.13 万 hm^2（占 8.13%）；地质遗迹类型数量为 2 个（占 9.5%），面积为 0.57 万 hm^2（占 4.12%）。

（三）机构设置

北京市所有自然保护区均有健全的管理机构，其中 2 个国家级和 3 个市级自然保护区有专门的管理机构，其他 9 个市级自然保护区由乡镇政府、风景名胜区管委会、林场和渔政站管理，7 个区级自然保护区由乡镇政府管理。达到国家要求的有健全管理机构的自然保护区比例为 90%以上的目标。

北京市各自然保护区主管部门：北京的 21 个自然保护区中，包括汉石桥、白河堡、金牛湖、野鸭湖湿地自然保护区在内的 17 个自然保护区由林业部门主管，同时白河堡、金牛湖又归县水利局主管；怀沙河怀九河自然保护区、拒马河自然保护区由农业渔政主管，石花洞、朝阳寺自然保护区由市国土资源局主管，同时石花洞自然保护区还归房山区旅游局管理。

在加快自然保护区建立的同时，自然保护区质量管理及能力建设也不断加强。先后建立并完善了国家级、市级及区县级自然保护区体系和湿地、自然生态系统类型的自然保护区网络。以生物多样性保护和森林、湿地生态系统类型就地保护为重点，逐步从以物种保护为中心的方式向以生态系统保护为中心的方向转变，从岛屿式保护区布局向建立自然保护区群转变，从重视自然保护区数量发展向规模与内涵发展并重转变。自然保护区有效保护和管理水平不断提高，形成布局合理、类型齐全、功能完善、建设规范、管理高效的自然保护区体系。

三、典型自然保护区介绍

（一）百花山国家级自然保护区

北京百花山国家级自然保护区于 1985 年由北京市人民政府批建，成立时为市级自然保护区，后于 2008 年 1 月国务院批准，百花山自然保护区晋升为国家级自然保护区（国办发〔2008〕5 号）。

百花山自然保护区地处门头沟区境内，太行山北端，小五台山支脉，坐标东经 115°25′00″～115°42′49″，北纬 39°48′35″～40°05′00″。百花山主峰海拔 1 991 m，最高峰百草畔海拔 2 049 m，为北京市第三高峰。保护区总面积 21 743.1 hm^2，其中核心区 6 836 hm^2，缓冲区 4 880.64 hm^2，实验区 10 026.46 hm^2。

百花山年降水量 720 mm 以上，年均气温 6～7℃，7 月平均温度 22℃，是消夏避暑的胜地。水资源丰富，条条沟壑溪水长流，自海拔 900 m 至 2 000 m 处均有清泉分布，且水质极好，无污染。

百花山自然保护区是以保护暖温带华北石质山地次生落叶阔叶林生态系统及褐马鸡等珍稀保护动物及其种群为主的自然保护区。特殊的地理位置和典型的山地森林生态系统，使其成为华北石质山地生物多样性最为丰富的地区之一，也是北京市自然保护区网络系统的关键地带。保护区动、植物资源丰富，素有“华北天然动植物园”之称，有 5 个植被类型，10 个森林群落。植物种类有 1 100 余种，动物种类 169 种，其中有国家一级保护动物金钱豹、褐马鸡、黑鹳、金雕，国家二级保护动物斑羚、勺鸡等 10 种。

保护区主要保护目标为：保护暖温带落叶阔叶林生态系统的完整性，并保持其生态演替过程的自然性；通过对褐马鸡等珍稀野生动植物种栖息地的保护，不断扩大这些物种的种群数量；保持植被类型的多样性，并通过减免干扰因子，使核心区和缓冲区内处于演替中间阶段的植被类型趋于稳定的顶极群落；通过森林生态系统的保护，使百花山保护区最大限度地发挥其生态服务功能。

（二）松山国家级自然保护区

1985 年经北京市政府第十八次办公会议批建松山自然保护区。1986 年经《国务院批转林业部关于审定国家级森林和野生动物类型自然保护区的请示的通知》（国发〔1986〕75 号）批准为国家级自然保护区，从而成为北京市首个国家级自然保护区。

松山自然保护区位于北京市延庆县海坨山南麓，地处燕山山脉的军都山中，坐标为东经 115°43′44″～115°50′22″，北纬 40°29′09″～40°33′35″。保护区总面积 6 212.96 hm^2，其中核心区 2 603.48 hm^2，缓冲区 1 528.50 hm^2，实验区 2 080.98 hm^2。

松山自然保护区地势北高南低，在东南部有一个出口佛峪口，为保护区最低点，海拔 628 m。最高峰海坨山海拔 2 198 m。松山自然保护区地区处于暖温带大陆性季风气候区，受地形条件的影响，与延庆盆地相比，气温偏低，湿度偏高，形成典型的山地气候，是北京地区的低温区之一。

松山自然保护区主要保护目标为：有效保护和恢复野生动植物的生存栖息环境，使之能正常生存、更新和繁衍，实现种群数量增加；对危及森林生态系统演替的情况采取积极的防护恢复措施，保证森林和野生动植物资源的正常生长发育，促进资源数量与质量不断扩大与提高，维持良好的自然生态环境质量。

松山自然保护区是北京最大的天然油松林分布区，还分布有以桦木、椴树、榆树、核桃楸、白蜡为主的落叶阔叶次生林，生长状况良好，成为区域演替阶段的优势树种；蒙古栎林长势良好，发展稳定，是当地优势群落的典型物种。野生动植物资源丰富，是区域植物资源的贮存基地和天然物种基因库，据统计，松山记录到的野生维管束植物有 713 种，野生脊椎动物 216 种。此外保护区在水源涵养、气候调节、水土保持方面也具有重要的生态贡献。

松山自然保护区的建立，为研究华北地区生物演替变化规律提供了一个适宜的场所，在石质山区物种的保护、现有植被改善以及结构调整等内容的科学研究、参观考察、自然科学教育以及促进国内外学术交流方面发挥了积极作用。

（三）野鸭湖湿地自然保护区

1997 年 7 月，延庆县人民政府批准成立延庆野鸭湖湿地自然保护区。2002 年 12 月 26 日，北京市人民政府批准将延庆野鸭湖湿地自然保护区升级为市级自然保护区。2006 年 11 月 28 日，国家林业局批准设立北京野鸭湖国家湿地公园。

野鸭湖湿地自然保护区总面积为 6 873 hm^2，核心区 2 145 hm^2，缓冲区 1 247 hm^2，实验区 3 481 hm^2，其中湿地面积达 3 939 hm^2，是北京最大的湿地自然保护区，同时也是北京市首个湿地鸟类自然保护区。

野鸭湖湿地广泛分布着各种水生、湿生和陆生植物，以《中国植被》和《中国湿地植被》的分类原则为基础，可以将野鸭湖湿地植被分为 3 个植被型组、7 个植被型、47 个群系、420 种。包括国家二级保护植物绶草（兰科）、野大豆，北京市保护植物花蔺和华北地区唯一的水生食虫植物狸藻。野鸭湖湿地鸟种总数达 241 种，国家一级保护鸟类 5 种（黑鹳、东方白鹳、大鸨、金雕、白尾海雕），国家二级保护鸟类 4 种。鱼类 40 种、两栖类 5 种、兽类 10 种、昆虫类 182 种等。

野鸭湖是北京市面积最大、生物多样性最丰富的湿地生态系统，是北京地区重要的鸟类栖息地，也是华北地区迁徙鸟类重要的中转站，因此湿地公园建设对改善入库水质、扩大水禽栖息地、保护与维护生物多样性、展示湿地科普宣教成果等起到积极作用，具有重要的代表性和地区性意义。

（四）汉石桥市级湿地自然保护区

北京市人民政府于 2005 年批准成立了汉石桥湿地自然保护区。汉石桥湿地自然保护区位于京东平原地带，顺义区杨镇镇域西南，距顺义城区约 13 km，距北京主城区约 35 km。汉石桥湿地保护区的范围以杨镇苇塘湿地为核心，北至顺平路、东至新建的木燕路、南至潮华路、西至李木路，涉及杨镇、李遂镇和南彩镇。地理坐标为东经 116°45′47″～116°48′50″，北纬 40°5′48″～40°8′52″。

保护区总面积为 1 900 hm^2。其中核心区面积为 163.5 hm^2；缓冲区面积 12.1 hm^2；实验区面积 1 724.4 hm^2。

汉石桥湿地自然保护区是以保护水生和陆栖野生生物及其生境共同形成的沼泽湿地生态系统为宗旨，集资源保护、科学研究和生态旅游于一体的自然保护区。主要保护对象有典型的芦苇沼泽湿地生态系统，以黑鹳、大天鹅等为代表的珍稀水鸟及丰富的生物多样性，是候鸟迁飞路线的重要停歇地。

汉石桥湿地景观在北京地区属于相对稀缺的景观类型，尤其是具有良好的湿地植被的湿地生态系统尤为稀缺。这里大面积生长的芦苇，在北京近郊地区更是绝无仅有，成为汉石桥湿地的标志性特征。

汉石桥湿地处于多种候鸟南北迁徙不同路线的密集交汇区，在此迁徙停歇、越冬和繁殖的水鸟达到了 7 目 15 科 64 种，占全国 271 种水鸟的 23.62%，在北京地区的水鸟保护网络中占有十分重要的地位，也是北京地区自然保护区网络中重要的组成节点，是华北地区重要的野生物种基因库和宝贵的自然生态遗产，具有重要的保护价值。

汉石桥湿地自然保护区作为一个湿地类型的保护区，具有调蓄洪水、涵养水源、补给地下水、净化水质等水文功能以及美化环境、调节气候等生态功能，具有显著的生态效益和一定的经济效益，为周边社区的稳步发展提供了必要的保障。

第三节　自然保护区管理

近年来，北京市以党的十八大推进“生态文明建设”的精神为指导，着眼于提高自然保护区建设和管理水平，维护首都自然生态平衡和生态安全，以自然保护区生态系统保护及功能持续发挥为出发点和落脚点，围绕新时期北京市自然保护区建设和管理的需求，在分析当前最为急迫需要解决的问题的基础上，在最受关注的保护区边界核定和属地责任明确、保护区管理基础调查、保护区生态 10 年变化调查与评估、规范化建设和管理、保护区遥感监测与评估等方面开展了积极有效的工作。

一、开展自然保护区基础调查、基础研究

1．自然保护区边界及功能区范围调查与核定

为科学、准确地掌握北京市自然保护区的边界和功能区划，2013 年 1 月至 2014 年 12 月，北京市环境保护局组织开展了自然保护区边界及功能区范围的核定工作。依据环境保护部自然保护区边界及功能区划核定相关技术指南，市环保局组织市环科院梳理了所有 21 个自然保护区的批建文件、级别调整批准文件及范围调整文件，深入各自然保护区开展了图件收集、实地走访与实地踏勘，与林业、农业、国土、水务等多部门和区县、乡镇政府开展多次座谈，历时两年完成了北京市自

然保护区边界及功能区范围的调查与核定工作。通过此次调查，取得了积极成果：一是掌握了准确的北京市自然保护区边界及功能区划，建立了北京市自然保护区空间数据库；二是明确了自然保护区属地范围，落实了保护区乡镇属地责任；三是明确了保护区监管范围、监管重点区域，有利于有针对性地对不同功能区内的人类活动开展监督管理工作。

2．北京市自然保护区基础调查与评价

针对自然保护区缺乏系统性基础调查的状况，2012 年 1 月至 2013 年 12 月，市环保局组织市环科院开展了自然保护区基础调查与评价项目。通过调研和实地走访，取得了大量关于北京市自然保护区的系统数据资料，系统梳理和分析了基础信息。此次是北京市第一次全面、系统地针对自然保护区开展的基础调查，基本摸清了北京市自然保护区的本底情况、管理条件和保护成效；建立了完善的自然保护区基础调查数据库；更深入掌握了北京市自然保护区建设管理动态，识别了保护区管理薄弱环节，为进一步加强自然保护区的规范化建设和强化监督管理提供了科学依据。

3．编制北京市自然保护区人为干扰负面清单

2013 年 1 月至 2014 年 12 月，市环保局组织市环科院开展了全市自然保护区人为干扰负面清单的编制，并分别函送市有关行业主管部门和区县政府，要求加强自然保护区管理与核查。“北京市自然保护区人为干扰负面清单”是北京市第一次对自然保护区人为干扰状况开展的系统调查工作，对于规范各级自然保护区人类活动、提高自然保护区保护效果具有重要指导意义。

4．北京市自然保护区生态环境 10 年变化调查与评估

为系统掌握过去 10 年北京市自然保护区生态环境变化趋势和存在的生态环境问题，2013 年 1 月至 2015 年 12 月，市环保局组织市环境保护监测中心、市环科院等单位开展了自然保护区生态环境 10 年变化调

查与专项评估项目。项目涉及内容多，时间跨度长，通过制定全面的实施方案，运用遥感技术与野外实地调查相结合的方法，紧密结合不同类型自然保护区的特点以及不同功能区的关注重点，深入各自然保护区开展了样方调查、生态参数实测、生态参数反演、人为干扰调查，获得了自然保护区的第一手数据。重点围绕10年来自然保护区生态系统格局、生态系统质量、人为干扰以及遥感监测监控体系的建立等内容开展了研究。通过该项目，一是建立了自然保护区10年生态系统格局、生态系统质量、人为干扰分布数据库，系统地掌握了10年来北京市生态系统格局、质量、功能、人为干扰等的变化特点和演变趋势。二是揭示了自然保护区存在的主要生态环境问题，提出了一系列有针对性的对策与建议。三是提出了北京市自然保护区遥感监测监控指标体系，为推进北京市自然保护区“天地一体化”生态监管体系建设奠定了基础。

5．编制北京市自然保护区建设管理规范

针对北京市自然保护区的建设和管理缺乏统一规范的状况，2011年1月至2012年12月，市环保局组织市环科院开展了北京市自然保护区分级分类建设管理规范研究。根据北京市自然保护区建设管理的实际需求，在准确把握北京市自然保护区的特点、定位的基础上，按照分级分类的原则，深入开展调研和实地走访工作。结合“北京市自然保护区基础调查与评价”课题成果，对自然保护区建设和管理现状及存在的问题进行了系统评估。在充分了解北京市自然保护区管理工作现状及所形成的管护能力、发展潜力和存在的工作差距的基础上，参考国家有关自然保护区法律法规、标准和规范，编制完成《北京市自然保护区分级分类建设管理规范》和《北京市自然保护区管理工作评估标准》。

《北京市自然保护区分级分类建设管理规范》（以下简称《规范》）是我国第一个省级分级分类自然保护区建设管理规范。《规范》一是按照突出重点、分步实施的原则，规范和引导不同级别、不同类型自然保护区建设和管理；二是规范和引导自然保护区资金投入，强化自然保护区建设与管理能力建设；三是制定了《北京市自然保护区管理工作评估标准》。该研究对于规范北京市各级自然保护区建设，提高北京市自然保护区管理水平，以及确定北京市自然保护区建设和管理工作方向，具有重要指导意义。

二、组织编制自然保护区建设规划

2001 年，《北京市人民政府关于贯彻落实〈全国生态环境保护纲要〉》的意见》（以下简称《意见》）发布，《意见》提出开展本市生态环境状况调查、编制《北京市生态环境保护规划》等任务。尽快划定水源保护、水土保持、防风固沙等生态功能保护区，提出抢救性措施分步实施的方案；对水、土地、森林、草场、矿产、水产渔业、生物物种和旅游等重点资源开发区实施强制性保护，在地下水严重超采区和生态系统脆弱地区尽快划定禁采区等任务。

2002 年，市环保局全面组织开展生态环境状况调查工作，2004 年基本完成全市生态功能区划工作。2006 年，市政府发布《北京市“十一五”时期环境保护和生态建设规划》（以下简称《规划》），《规划》指出要加快永定河三家店等自然保护区建设，重点完善松山、百花山、喇叭沟门、野鸭湖等自然保护区，条件成熟的提高保护区级别。《规划》指出到 2010 年，全市自然保护区总数达到 24 个，其中国家级 2 个、市级 14 个、县级 8 个，总面积为 16.5 万 hm^2，占全市国土面积 10%以上。

2006 年，市环保局联合有关部门编制完成了《北京市自然保护区“十一五”基础设施投资规划》《北京市湿地保护工程实施规划》《汉石桥湿地自然保护区总体规划》等，基本摸清了北京市各自然保护区的资源、基础设施建设、机构编制、人员管理等情况，为加强自然保护区建设与管理提供了依据。

三、不断完善自然保护区管理机制

1．建立和完善自然保护区管理制度

建立健全保护、巡护、监测等各项管理制度，严格执行国家有关自然保护区的各项法律法规和规范标准，努力推进相关地方标准和规范的研究与编制。结合北京市自然保护区建设管理实际，参照国家级自然保护区调整的有关管理要求，2016 年 8 月，北京市人民政府办公厅印发了《北京市地方级自然保护区调整管理规定》。

推进国家级自然保护区具体规章制度建设。松山自然保护区建立了保护区管理处管理制度、科室管理制度、森林防火应急方案、野外巡护制度、财务管理制度、项目建设管理制度等规章制度，提高了保护区整体管理水平。百花山自然保护区进一步明确了保护区管理处及各管理站的岗位职责，并根据岗位职责形成了针对各部门及部门负责人、主管领导的综合考核制度，提升了保护区管理效率。

2．促进自然保护区有效管理

按照《国务院办公厅关于做好自然保护区管理有关工作的通知》（国办发〔2010〕63 号）有关精神，北京市人民政府办公厅印发了《北京市人民政府办公厅转发国务院办公厅关于做好自然保护区管理有关工作文件的通知》（京政办发〔2011〕44 号），大力推进全市自然保护区规范建设和管理工作，不断提升自然保护区科学化、规范化管理水平。

3．逐步建立自然保护区遥感监测与核查机制

为提升北京市自然保护区综合监管水平，自 2007 年以来，市环保局启动了北京市自然保护区遥感监测工作，紧密结合不同类型自然保护区的特点，以及自然保护区不同功能区的关注重点，开展各自然保护区景观格局和人类活动遥感监测，逐步建立了遥感监测与核查制度。按照环境保护部工作部署，对国家级自然保护区每年开展 2 次遥感监测，对省级自然保护区每年开展 1 次遥感监测，并深入开展实地核查工作。遥

感监测结果表明，通过不懈努力，近年来北京市自然保护区生态系统质量稳定并呈改善趋势，自然保护区内人类活动总体呈现减少趋势，自然保护区保护效果良好。

4．健全社区共管机制

加强与自然保护区周边社区沟通协调，建立自然保护区与周边乡镇政府或社区的共建共管机制，通过签订资源管护、防火、病虫害防治等协议，定期召开会议，组织社区人员培训，发放宣传资料，悬挂横幅等方式，不断提高社区人员自然资源保护意识，形成了各级政府、管理机构、社会人员和社区居民共同参与保护的网络体系。

5．严格自然保护区执法

加强遥感监测与地面监测相结合的“天地一体化”执法检查，确保自然保护区内无乱砍滥伐、乱捕滥猎、乱采滥挖等破坏、侵占自然保护区资源和自然环境的违法行为发生，盗伐和偷猎保护对象的现象基本杜绝。近年来的严格管理取得了明显成效，在国家级自然保护区管理工作评估中，松山、百花山国家级自然保护区都被评为“优秀”。

四、不断提升自然资源保护能力

1．组织开展自然保护区总体规划和科学考察工作

编制完成了 16 个林业系统自然保护区总体规划，形成了可行的建设、保护和管理方案，明确了各个自然保护区发展方向。组织开展自然保护区综合科学考察，开展了国家级、市级自然保护区本底资源调查，掌握了主要保护对象的基本情况和动态，为保护和管理奠定了基础。

2．强化政策支持保障

建立了山区生态林补偿机制，对负责山区生态公益林抚育、保护和管理的 4 万多名管护人员进行补偿，生态林管护员补偿标准为平均每月 440 元。建立了山区生态公益林生态效益促进发展机制，给予山区集体公益林 40 元/（年·亩）的生态效益促进发展补偿，其中 60%按照生态林

股份分配给每一名集体经济组织成员，40%统一用于森林健康经营工程建设。政策的实施促进了蒲洼、喇叭沟门等面积较大的自然保护区内集体林的保护，真正实现了“生态受保护，农民得实惠”。

3．组织开展自然保护区基础设施和重点工程建设

组织开展了松山国家级自然保护区基础设施一期、二期建设，百花山国家级自然保护区基础设施一期建设以及野鸭湖、汉石桥等自然保护区基础设施建设，不断完善自然保护区办公用房和保护站、点以及防火检查站、瞭望塔等设施建设，改善了自然保护区管理条件，夯实了自然保护区管理基础。

“十一五”期间，北京市全面加强湿地恢复和自然保护区建设，启动实施了松山等自然保护区和湿地重点保护工程及奥林匹克森林公园等一批湿地恢复工程。2008 年，在野鸭湖湿地自然保护区实施了封育围栏 500 hm^2、病虫害防治和人工种草 146.7 hm^2 的农业工程。2009 年，积极推进实施汉石桥、野鸭湖等湿地自然保护区植被恢复工程。截至 2010 年，累计恢复和重建湿地 2 000 多 hm^2。完成了百花山、四座楼、喇叭沟门资源保护及自然保护区能力建设工程；完成全市生物多样性基础调查与评估，初步建立了北京市植物种质资源数据库，建立物种资源进出口查验制度，开展环保用微生物进出口审批工作。

4．加强自然保护区资源监测

启动并组织完成了百花山国家级自然保护区巡护监测和管理信息综合平台开发，取得了褐马鸡、豹猫、野猪、勺鸡、环颈雉、长尾林鸮等 30 余种国家和本市重点保护野生动物的珍贵影像和视频资料，对国家重点保护的褐马鸡种群活动区域进行了初步研究和分析，有力提升了百花山国家级自然保护区实时监控与管护的能力和水平，为进一步推进全市“数字保护区”等自然保护区信息化管理奠定基础。

5．联防联控，确保自然保护区生态安全

加强与当地政府、周边社区、相邻的区县以及河北省等相关部门沟

通协调，通过召开森林防火联防工作会、签订森林防火联防协议，加强自然保护区森林防火和有害生物的巡护、监测，保障自然保护区森林资源安全。

6．依法依规开展生态旅游

积极推动自然保护区生态旅游解说系统、游客服务中心等旅游配套设施的建设，并使之不断完善。加大宣传教育力度，更好地提高了自然保护区生态旅游形象，为市民提供良好的环境教育基础设施，使生态旅游成为了解生物多样性的课堂，成为提升全社会生物多样性保护意识的契机。

根据国家旅游局办公室、环境保护部办公厅《关于组织开展国家生态旅游示范区申报工作的通知》（旅办发〔2012〕560 号）要求，2013年，市旅游委、市环保局在全市组织开展了国家级生态旅游示范区创建工作。在创建过程中，以党的十八大报告关于生态文明建设的重要精神为依据，坚持保护第一、持续发展、分类指导、稳步推进、统筹协调、多方参与的原则，以尊重自然为基础，以生态保护及生态教育为特征，规范生态旅游服务，经过初步筛选、实地调查、专家评审、推荐上报等程序，最终野鸭湖国家生态旅游示范区等入选国家旅游局、环境保护部发布的《2013 年国家生态旅游示范区名单》。

五、持续加强自然保护区管理机构和人员能力建设

1．加强自然保护区人员队伍建设

积极创造条件，引进大学本科等专业人才来自然保护区就业。其中，松山国家级自然保护区中等以上学历或持有专业资格证书的专业技术人员占人员总数的 77.8%；百花山国家级自然保护区近年来招聘本科毕业生 8 名，研究生 1 名，引进管理人才 2 名，扩充了自然保护区的专业技术和综合管理人员队伍，大专文化程度以上的职工人数占人员总数的 70%。

2．积极开展自然保护区技术培训

组织开展自然保护区技术培训班 5 期，培训技术人员 400 余人；组织开展自然保护区技术骨干业务考察 10 次，参与人员 100 余人；组织开展全市自然保护区拉练检查 3 次，加强了自然保护区之间的交流，自然保护区管理人员素质和能力明显提升。

3．加强保护区科研监测能力建设

一方面加强自然保护区自身科研队伍建设，积极组织开展自然保护区重点保护对象监测等项目；另一方面充分发挥首都区位和智力等资源优势，加强与北京林业大学、中国科学院、中国林科院等科研院校合作，共同开展科研监测工作，有效提升了自然保护区技术人员业务水平。

4．加强国内外交流与合作，提高业务水平

积极学习自然保护区的规划、资源保护等先进经验。与美国应用材料公司合作开展了百花山国家级自然保护区监测与管理综合信息系统平台开发。与大自然保护协会合作，开展了松山国家级自然保护区生态教育项目，更换 50 块科普标牌，修建了 37 m 长的生态宣传科普长廊，设计制作松山宣传折页及解说培训手册 2 万余册。百花山国家级自然保护区与位于华盛顿的仙那度国家公园结为姊妹自然保护区，成为全国第四家与美国国家公园合作交流的自然保护区。

六、努力提高全社会生态保护意识

1．促进自然保护区与周边社区协调发展

结合北京生态林管护机制和山区小流域综合治理、新农村建设等政策，努力推进自然保护区内和周边群众从“靠山吃山”向“养山就业”的转变，探索自然保护区—社区共同发展模式，提升周边居民生态保护意识，积极推进部分易成灾地区自然村搬迁，促进自然保护区可持续发展。

2．积极组织开展自然保护宣传教育

充分利用北京自然保护区的区位优势，进一步加大科普宣教力度，在“世界湿地日”、“爱鸟周”、“野生动物保护宣传月”和“世界环境日”等特殊时段进行专题宣传，利用保护区科普馆、标本馆、游客中心等进行常年宣传与展示，与中小学合作开展科普宣传教育活动，取得了明显成效。充分发挥松山、野鸭湖、汉石桥等自然保护区的生态环境优势，向公众宣传《野生动物保护法》《森林法》《自然保护区条例》《森林和野生动物类型自然保护区管理办法》等有关自然保护的法律法规。每年组织开展以保护自然环境为主题的科普教育活动，印制各类宣传图册、折页 20 万份，积极发挥自然保护区科普宣传教育、生态文明基地的作用和功能。

参考文献

[1] 王光美. 城市化影响下北京植物多样性现状与保护对策研究[D]. 北京：中国科学院，2006.

[2] 吴征镒，等. 2004 年北方七省市植物学年会论文集[C]. 2004.

[3] 李景文，等. 北京地区外来入侵植物分布特征及其影响因素[J]. 生态学报，2012.

[4] 李延寿，等. 丰富多彩的北京生物多样性[M]. 北京：北京科学技术出版社，2008.

[5] 吴雍欣. 北京地区生物多样性评价研究[D]. 北京：北京林业大学，2010.

[6] 王洪梅. 河北省生物多样性现状及生态系统对其维持功能评价[D]. 石家庄：河北师范大学，2004.

[7] 董洁，等. 天津物种多样性现状及丧失原因分析[D]. 天津：南开大学，1996.

[8] 马妮. 山西省生物多样性评价与保护对策研究[J]. 太原：山西大学，2011.

[9] 陆宇燕，等. 山东省两栖爬行动物多样性[J]. 四川动物，1993.

[10] 石磊，等. 山东省鸟类资源评价及保护建议[J]. 国土与自然资源研究，2004.

[11] 朱承刚，等. 山东省兽类濒危等级记录及调查研究[J]. 国土与自然资源研究，2005.

[12] 邹统钎. 中国乡村旅游发展模式研究——成都农家乐与北京民俗村的比较与对策分析[J]. 旅游学刊，2005.

[13] 高贤明，等. 旅游对北京东灵山亚高小草甸物种多样性影响的初步研究[J]. 生物多样性，2002.

[14] 陈昌笃，等. 北京的珍贵自然遗产——植物多样性[J]. 生态学报，2006.

[15] 刘全儒，等. 北京地区外来入侵植物的初步研究[J]. 北京师范大学学报（自然科学版），2002.

[16] 王大力. 豚草属植物的化感作用研究综述[J]. 生态学杂志，1995.

[17] 贾春虹，等. 北京地区外来入侵生物种类调查初报[J]. 植物保护，2005.

第四章　农村生态环境保护

第一节　总体情况

北京市农村主要分布在 10 个远郊区及朝阳、海淀、丰台 3 区的部分区域，占全市国土面积的 90%以上，其中，山区面积达 1.04 万 km^2，占全市总面积的 62%。截至 2012 年年底，北京市农村有 144 个镇、38 个乡，3 940 个行政村，常住乡村人口 285.6 万人，占全市常住人口的 13.8%。

一直以来，北京市以改善农业生产环境和农民生产、生活条件为目标，开展了诸如旧村改造、生态移民、农村能源建设、生态农业、生物覆盖、社会主义新农村建设、“五+三”工程、农村环境综合整治等大量工作，取得了一定成效，村庄生活环境越来越好，农村生态环境得到进一步改善。

一、发展历程

生态环境保护与社会经济发展状况、人民生活水平及广大人民对环境的需求密切相关，不能脱离时代背景和当时的生活水平谈环境保护。农村生态环境保护亦是如此。

从横向看，农村生态环境保护工作可以分为两大部分：一是农村居住生活环境的保护和改善，包括生活垃圾和污水处置、生活能源清洁化等；二是农业污染治理和农业生态保护，包括畜禽养殖业粪污治理、农业种植业面源污染防治等。

纵向回顾，从国家环保政策发展情况、北京市经济社会发展情况来看，可将北京市农村生态环境保护工作大致划分为各有特征、互相关联、可供商榷的四个阶段。

第一阶段（1949—1979 年）：此阶段，以 1972 年成立北京市“三废”治理办公室、1975 年更名为北京市环境保护办公室、1979 年正式组建北京市环境保护局为标志，实现了环境保护机构从无到有的转变。这一时期，环境保护以治理工业“三废”（废水、废气、废渣）为主；在农村生态环境保护方面，主要措施是改旧房、建新房，并在村内开展以清除垃圾为中心的清洁大扫除运动，整理村容村貌。20 世纪 70 年代中期，启动以推广沼气为主的农村能源建设试点。

第二阶段（1980—1988 年）：随着改革开放的不断深入，首都农业生产逐步解决了市民吃粮难、吃菜难、吃肉难、吃蛋难、吃奶难、吃鱼难等基本问题，但也出现了施用大量农药及化肥、无序开采等造成的环境污染和生态破坏问题。村庄环境改善工作仍以翻盖旧房、建造新房为主，其居住条件有了很大改善，但村庄内很多基础设施没有跟上，“屋内现代化，院外脏乱差”的现象普遍存在。这一时期，环境保护工作虽以工业污染治理为主，但农村生态环境保护逐渐得到关注。1985 年 5 月，北京市成立农业生态环境保护协作组，由市环保局、市农业局、市林业局、市畜牧局、市水利局等 18 个单位组成，主要负责组织、协调、指导和推动有关单位开展农业生态环境保护工作，如开展生态农业试点等；成立北京市农业环境监测站，启动农业环境长期定位监测。

第三阶段（1989—2002 年）：1990 年 12 月，国务院发布《国务院关于进一步加强环境保护工作的决定》，指出在资源开发利用中重视生态环境的保护。农业部门必须加强对农业环境的保护和管理，控制农药、化肥、农膜对环境的污染，推广植物病虫害的综合防治；根据当地资源和环境保护要求，合理调整农业结构，积极发展农业生产。1998 年 10 月，党的十五届三中全会审议通过了《中共中央关于农业和农村工作若干重大问题的决定》，其中对农村生态环境保护与建设作了重要论述。1999 年 11 月，原国家环境保护总局出台《关于加强农村生态环境保护工作的若干意见》，环保系统第一次正式提出开展农村生态环境保护工作，体现了贯彻污染防治与生态保护并重的方针。

经过 20 世纪 80 年代的改革和发展，市民对农产品品种、质量有了更高要求。首都农业也随之更加注重农产品安全、实施生态农业，推广测土配方施肥技术，开展绿色、无公害、有机农产品生产，启动畜禽养殖场环境治理，发展以大中型沼气工程为主的农村能源建设。市政府组织开展了 33 个试点小城镇建设，从规划入手，将污水处理、垃圾处理作为主要内容。以 1990 年北京举办第十一届亚洲运动会为契机，郊区农村开始分阶段实施村容村貌综合整治工作，先后开展了“五个一”“进京第一印象工程”“黄土不露天”“垃圾不露天”等一系列工程建设，村容村貌得到很大提高。

第四阶段（2003—2016 年）：2002 年年底，党的十六大召开，将解决好“三农”问题作为全党工作的重中之重，明确了“统筹城乡经济社会发展，建设现代农业，发展农村经济，增加农民收入，是全面建设小康社会的重大任务。”的指导思想。随后，每年连续发布关于“三农”问题的中央“1 号文件”，出台了一系列重大的支农政策。2003 年年初，北京市将一年一度的农村工作会改为郊区工作会，标志着北京郊区进入城乡一体化协调发展的新阶段。2007 年 5 月，原国家环境保护总局印发《关于加强农村环境保护工作的意见》，明确农村环境保护的指导思想、基本原则和主要目标。指出要把农村环境保护与产业结构调整、节能减排结合起来，禁止工业和城市污染向农村转移，全面实施农村小康环保行动计划，着力推进环境友好型的农村生产生活方式，促进社会主义新农村建设，为构建社会主义和谐社会提供环境安全保障。

这一时期，首都农村生态环境保护纳入城乡一体化协调发展体系中予以统筹推进，取得了长足的进展。市委、市政府大力实施城乡统筹方略，建立部门联动、政策集成、资金聚焦的工作机制，启动了社会主义新农村建设，开展了农村环境综合整治，实施了“五+三”工程等，生物覆盖、播草盖沙、保护性耕作等列入大气污染防治阶段性任务措施，农村生态环境得到进一步改善。

二、主要特点

北京市农村环境保护具有以下几个方面的特点。

（一）农村环境具有圈层分布特征

北京市空间分布特征及经济社会发展状况，决定北京农村呈现出山区农村、平原农村、城乡结合部农村的三个圈层分布特点。

一是山区农村。山区农村主要分布在门头沟、房山、昌平、平谷、怀柔、密云、延庆等 7 个区县，属于生态涵养发展区，包括 83 个山区和半山区乡镇，面积约 1.04 万 km^2，是北京的生态屏障和水源保护地，是保证北京可持续发展的支撑区域，也是北京市民休闲游憩的理想空间。其典型特点是人口居住分散，生态涵养与水源保护责任重大，发展旅游业资源优势突出，城市化与经济社会发展水平较低。

二是平原农村。平原农村主要分布在顺义、通州、大兴三区，属于重点发展新城的农村地区。相对于其他两种类型而言，其典型特点是都市型现代农业发展水平较高，农业集约化程度高，农业面源污染较为突出，农村第二产业和第三产业发达，工业污染风险大，经济社会发展水平较高。

三是城乡结合部农村。城乡结合部农村主要分布在朝阳、海淀、丰台三区，在位置上处于城市功能拓展区的外围。其典型特点是外来人口较多，人口密集，私搭乱建问题突出，基础设施建设滞后，环境状况较差，管理难度大，城市化发展速度较快。

（二）农村环境的生态与社会服务功能日益突出

随着城市化水平的不断提高，北京农业发展面临的资源和环境约束日益突出，农业的生产功能逐步弱化，而生态与社会服务功能需求显著增强，农业功能逐步由单一的生产功能向为大都市提供生态保障和社会服务等多功能方向转变，农民由单纯的产品提供者向社会服务提供者转变。具体来说，北京农村不仅要大力发展都市型现代农业，为城市提供绿色、安全的鲜活农产品；也要加强资源保育和生态建设，为城市提供生态安全屏障；还要加强景观培育和环境保护，为城乡居民提供旅游观光、休闲度假等场所。

（三）“三农”地位认识转变

一是重新认识农业的基础地位。作为首都的农业，应当是具有生产、生活、生态、示范等多重功能，能够满足市民多种需求的一二三产业相互融合的都市型现代农业。

二是重新认识农村的战略地位。郊区农村是首都的重要组成部分，是北京进一步发展的战略空间和发展腹地，推进城乡统筹协调发展，受益的不仅仅是农民，而是全体市民。

三是重新认识农民的主体地位。郊区农民也是首都的市民，是拥有集体资产的市民，是推动首都社会经济全面协调发展的动力和城乡一体化的主体。

四是重新认识发展时期。首都城市与郊区农业、农村已经进入共赢、共融、共进的时期。从经济社会发展看，北京具有大城市、小郊区的特点。2012 年全市城镇与乡村常住人口比例达到 6∶1，在人均收入上达到 2.2∶1，与前 5 年相比，农民收入增幅稍高于城镇居民，但收入绝对值差距有进一步拉大的趋势。从国土面积说，北京具有小城市、大郊区的特点，郊区广阔的空间是解决交通、就业、大气污染等城市病的重要出路，是北京中心城市的第一道绿色屏障和水源供给地，是城市居民休闲、度假、旅游的胜地，是产业、就业转移的腹地，是城市居民鲜活特优农产品的供应地。

（四）城乡统筹成为主要工作形式

从发展阶段来看，北京已经进入以城带乡、以工补农的发展新阶段。全市在“三农”问题上已经转变认识、统一思想。认识上的转变决定了工作方式的转变。2006 年，北京市成立了由主管市领导为组长、36 个市属相关职能部门主要领导为成员的北京市社会主义新农村建设领导小组，设立了具体办事机构，郊区各区县和各乡镇也成立相应机构，建立了部门联动、政策集成、资金聚焦的新农村建设运行机制。2008 年，北京市确立城乡一体化发展的重大思路，提出了率先形成城乡经济社会发展一体化新格局的要求。作为“三农”工作的重要组成部分，在市委、市政府的统一部署下，农村生态环境保护坚持城乡统筹，在规划、政策、资金等方面向郊区、农村给予倾斜，推进全市生态环境质量不断改善。

三、主要做法

（一）制定指导意见，明确工作任务

北京市把农村生态环境保护作为解决“三农”问题的重要内容之一统筹考虑。《关于促进农村产业发展的意见》《关于加快都市型现代农业和农村经济发展　扎实推进社会主义新农村建设的意见》《关于北京市农业产业布局的指导意见》《关于推进郊区城市化　促进农民增收的意见》《关于加快发展都市型现代农业的指导意见》《关于统筹城乡经济社会发展　推进社会主义新农村建设的意见》《关于切实加强农业农村基础设施建设，进一步促进城乡经济社会发展一体化的若干意见》《都市

型现代农业产业布局》《北京都市型现代农业基础建设及综合开发规划(2009—2012年)》等历年市委、市政府出台的促进“三农”发展的文件、规划中，均把农村、农业环境保护作为一项重要内容，并从2006年开始，以折子工程的形式加以落实。

2008年，为贯彻全国农村环境保护工作会议精神，针对北京市农村存在的环境问题，市环保局、市发展改革委等9部门制定了《关于进一步加强农村环境保护工作的实施意见》，提出了农村环境保护工作的总体要求，从“充分认识农村环境保护工作的重要性”、“切实解决农村重点环境问题”和“加强农村环境保护工作措施”三个方面提出15条意见，明确了农村环境保护重点工作。

（二）整治农村环境，建设优美村庄

北京市对于农村环境的整治，经历了从单纯住宅改造、改善自身居住小环境到村庄、村域、镇域、交通联络线等大环境改善的过程。翻建住宅、清扫垃圾，推广沼气、应用太阳能技术、村庄污水垃圾厕所河道综合治理，社会主义新农村建设，“五个一”“进京第一印象工程”“黄土不露天”“垃圾不露天”等工程的实施，以及落实中央“以奖促治”，开展农村环境综合整治，组织评选“北京最美的乡村”等一系列工作，营造了良好的村庄环境，使郊区村庄成为市民休闲度假的主要场所，为首都市民休闲生活提供了舒心的环境。

（三）加强污染治理，推动节能减排

加快治理村镇生活污水。截至2013年年底，郊区污水处理率达到63.1%，5年内提高了36个百分点，重点乡镇、重要地表水源地村庄、市级民俗旅游村基本建设了污水处理厂（站）。

治理畜禽养殖污染。2002年，北京市人民政府办公厅转发市农委等部门《关于加快本市绿色养殖业发展的意见》，要求五环路以内的规模养殖场全部迁出。截至 2013 年年底，六环路内规模养殖企业大部分搬迁，没有搬迁的，通过推广生态养殖，实施粪污治理工程，推动实现粪污减量化、资源化、无害化。2016 年 4 月，市环保局、市农委、市农业局联合印发《关于划定畜禽养殖禁养区的函》，明确了饮用水水源保护区、风景名胜区、自然保护区等区域划定为禁养区，各区按照要求，共计将 5 190 km^2 划定为禁养区，关闭搬迁禁养区内养殖场 351 家。

完善垃圾收集运输处理体系。历史上，北京农村垃圾分散在各村中处理，形成了大量非正规垃圾填埋场，还有部分垃圾随意堆放，没有覆盖，污染较为严重。随着农村环境建设的逐步深入，全面停止向农村的坑塘倾倒生活垃圾，并对农村中 1 000 多处非正规的垃圾填理场进行清理，填土治理恢复为绿地。同时，通过统一建立农村垃圾集中收集运输处理的渠道，将农村垃圾运往正规的垃圾处理场站进行消纳，使农村垃圾初步实现了规范化管理。

（四）建立长效机制，形成制度保障

在生态建设方面，市政府及市有关部门制定了《关于促进生态涵养发展区协调发展的意见》《北京市郊区（县）水源地保护专项资金使用管理的有关规定》《关于建立本市农村水务建设与管理机制的意见》《北京生态涵养发展区旅游项目建设规划》《关于加强农村基础设施维护和管理的意见》等文件，明确提出了“以提升生态涵养功能、促进富民就业为核心，强化生态修复与水源保护，完善生态补偿和后期管护机制”，进一步完善对生态涵养林、水源保护地的补偿标准，明确农村基础设施维护和管理的职责、资金筹措等。在卫生保洁方面，市市政市容委、市农委、市财政局制定了《北京市农村地区环境卫生责任区责任标准（试行）》《关于加强北京市农村地区环境卫生日常运行管理工作的指导意见》《关于北京市农村地区公厕建设工作的指导意见》等，既对农村地区环境卫生质量水平提出明确的考核要求，也使农村公共环境卫生建设

和管理有据可依，并通过财政转移支付，全市郊区建立了 4.4 万人的专（兼）职保洁队伍，每人每月可享受市级财政转移支付的 500 元工资性收入；各区通过提高补助标准，稳定保洁队伍，使农村环境整治常态化。

四、基本经验

（一）领导重视，形成合力

农村生态环境保护不产生直接的经济效益，需要政府牵头，形成合力，共同推进，这是做好农村生态环境保护工作的根本前提。便利的地理位置、优越的政治条件，使得北京农业、农村工作能够经常得到党和国家领导人的直接关怀和指导，他们常深入郊区乡村，深入群众，开展调查研究，了解民情，参加水利、绿化劳动，提出了许多重要的指导意见，作出过许多重要批示。

历届市委、市政府高度重视，出台了一系列文件、政策、措施。20 世纪 50 年代初，提出要“发展农业生产，改善农民生活”，组织实施改旧房盖新房、生态移民新村建设、大规模清扫垃圾等工作，初步改变农村面貌；改革开放后，将农村定位于“服务首都，面向全国，走向世界，富裕农民，建设社会主义新农村”；2003 年，提出“首都的现代化，开始在城区，实现在郊区”，提升农村工作在实现首都现代化进程中的重要地位，将郊区农村纳入城乡一体化格局中，不断加大支持力度。从 2004 年到 2006 年年初，刘淇（时任北京市委书记）、王岐山（时任北京市市长），带领市委、市政府一班人，深入远郊，七进山区，连续三年“春季调研”，和农村干部、村民一道研究、具体指导农村工作，进一步强化山区公益林补偿等一系列政策措施。

“市政府不只是城市的政府，市政府各职能部门也不只是城市的职能部门”，北京市委、市政府要求各部门把解决“三农”问题作为全部工作的重中之重，在各自的职能范围内切实支持“三农”。按照这个要求，各级党委、政府及其工作部门，配合协作，充分考虑统筹城乡发展的要求，更多地向农村倾斜，并实施折子工程，明确惠农支农职责和任务，确定责任人和完成期限，将政府主导、部门联动的机制落到实处。

（二）纳入全局，加大投入

开展农村生态环境保护，改善农村生产、生活面貌，需要加大财力投入，这是做好农村生态环境保护工作的根本保障。从某种意义上说，财力投入持续性决定着环境保护工作成效是否持久。一般来说，市级层面主要解决立项、建设等一次性投入，并通过转移支付的形式，解决一部分运行维护费用。从长期来看，各区、镇乡和村要着力解决长期正常运行维护的问题，是农村生态环境保护投入主要的支撑。因此，要确保农村生态环境保护长期稳定发挥效益，必须将其纳入实现首都现代化的全局中，在抓好生产发展、增加收入的同时，加大投入、稳定投入，推进农村生态文明建设。从 2006 年开始，北京市政府固定资产投资在郊区与城区的比例实际执行达到 52∶48，此后一直保持在郊区大于城区的比例。

（三）以民为本，符合实际

只有从农民群众最关心、最直接、最现实的问题着手，因地制宜推进农村环境保护工作，不增加农民新的负担，使广大农民切实感受实惠，才能得到拥护、支持，农村环境保护工作成效才能持久，这是做好农村环境保护工作的基础。

市委、市政府明确规定，农民群众的满意度是检验工作的唯一标准；农民群众的参与率是检验各级党委、政府领导组织能力的重要标准。项目的确定，充分听取农民意见，尊重农民意愿，不强行推进；项目的施行，坚持项目公开、任务公开、投资金额公开，规范项目管理，接受群众监督和评议。尤其是 2006 年以来，北京市按照科学发展观的要求，以人为本，城乡统筹发展，集中力量、集中时间、集中解决群众最关心、最直接、最现实的问题。市委、市政府组织实施“五+三”工程，提高村庄街道硬化、安全饮水、垃圾处理、污水处理、厕所、绿化、信息化等主要基础设施水平，让农村“亮起来”，让农民“暖起来”、让农业资源“循环起来”，农村环境更加靓丽，切实提高农民的生产、生活条件，推动农村人口、资源、环境协调发展。

（四）统筹规划，分类推进

虽然大家对环境的需求是一致的，但北京农村的圈层分布特点，决定了农村生态环境保护的工作任务、建设内容的差异，不可能采取一个政策、一个模式、一种途径，必须坚持统筹规划、分类推进，这是做好农村生态环境保护的基本策略。

对此，在《关于进一步加强农村环境保护工作的实施意见》中，针对不同功能分区，明确各区域农村环境保护工作的重点。生态涵养发展区要以保护恢复生态系统功能为重点，全面加强生态环境的保护与建设，引导自然资源的合理开发与利用，加强水源地保护与小流域生态治理，成为首都坚实的生态屏障和市民休闲的理想地区；城市发展新区，要注重农村地区的工业污染防治，大力发展都市型现代农业和生态农业，营造良好的绿色空间；城市功能拓展区，应以环境综合整治等生态环境建设为重点，维护城市绿色空间。

在工作过程中，坚持统筹规划、试点先行、有序推进。北京市社会主义新农村建设领导小组办公室牵头，统筹城乡经济社会发展规划、城乡产业发展规划、城乡基础设施建设规划、村庄发展规划，将农村生态环境保护的内容纳入其中。特别是村庄发展规划，将村内产业发展、环境保护、基础设施建设等统筹考虑，有助于统筹推进农村发展。2006年之前，规划体系只做到乡镇一级，很少编制完整的村庄规划；2006年以后，围绕农村基础设施建设、环境建设和社会事业发展，制定了《关于加快村庄基础设施和公共服务设施建设的意见》《北京市新农村建设村庄规划编制工作实施指导意见》《北京市村庄规划编制工作方法和成果要求（暂行）》《北京市远郊区县村庄体系规划编制要求（暂行）》《关于进一步加强北京市新农村建设村庄规划编制组织管理的通知》等文件，规范村庄规划编制。截至 2010 年年底，累计编制村庄规划 3 414 个，除纳入城镇化地区的村庄外，其他农村地区实现村庄规划的全覆盖，做到了一村一规。同时，坚持试点先行、量力而行，避免“大拨哄”“一刀切”，2006 年确定了 80 个村作为市级试点，2007—2009 年，每年都确定一批试点村，整体推进农村“五+三”工程建设。在工程实施过程中，2006 年前，市各部门投入和工程建设时序缺乏协调，村庄基础设施建设经常会出现“拉锁工程”；2006 年成立北京市社会主义新农村建设领导小组后，各方资金、工程统筹起来，避免重复投资、反复挖建。

（五）抓住机遇，寻求突破

北京先后举办了 1990 年亚运会、2008 年奥运会、2009 年第七届花博会、2013 年第九届园博会等大型盛会，是全国人民的企盼，为世界所瞩目，是北京工作的重中之重。市委、市政府抓住这些重要契机，全面推动实现农村环境的跨越式发展。如亚运会筹备期间，对比赛场馆、京密公路和旅游景点周围及途经公路两侧村镇环境进行了综合整治；奥运会筹备期间，尤其是 2006 年至 2008 年 6 月，利用 2 年半的时间，按照“干净、整洁、路畅、村绿、建制”的标准，对全市村庄进行了一轮综合整治，提高了郊区农村环境的整体水平。

第二节 农村居住环境改善

农村居住环境的改善，实质上是要解决农民群众最关心、最直接、最现实的问题，包括农民住房条件改善和村庄环境改善两个方面的工作。

一、改造旧房、翻盖新房推进居住环境改善

改造旧房、翻盖新房是农村地区推进居住环境改善的重要手段和实现途径，一直属于农民的自发行为。新中国成立后，北京市委、市政府开始统一整治农村环境。从 1950 年 3 月，郊区“土改”完成，一直到改革开放，北京市开展了为期近 30 年的以“发展农业生产，改善农民生活”为中心的农村工作。这 30 年中，对于居住环境改善的主要措施是在原住址和本村境内改旧房、建新房，并开展以清除垃圾为中心的清洁大扫除运动，清户、清巷，清除积存垃圾，整理村容村貌。同时，结合密云水库等水利设施建设和防治泥石流等自然灾害的需要，村庄村民异地搬迁，统一规划、统一建设新村也是改善居住环境的一项重要措施，这一做法从 20 世纪五六十年代开始，并一直延续到 80 年代初。

20 世纪 80 年代，随着生活水平的不断提高，人们意识到村庄内缺乏基础设施，普遍存在“屋内现代化，院外脏乱差”的现象，由此对村容村貌综合治理提出更高的要求。

二、迎亚运开展郊区村容村貌综合治理

1990 年年初，北京市提出以远郊区县的两个亚运比赛场馆、京密公路和旅游景点周围及途经 15 条公路两侧的 62 个乡、175 个村为重点，开展郊区农村村容村貌综合治理，确定了治理范围，提出了治理标准。这次综合治理，拆除了一批违章及破旧房屋、棚阁、残垣断壁，清理垃圾渣土、修建垃圾池、改造厕所，配备了 638 辆保洁车，建立了一支 3 439 人的保洁队伍，郊区农村村容村貌显著改观。

三、环境整治“五个一”工程建设

1997 年，市农委提出“五个一”建设，在郊区农村普遍开展了新一轮的环境整治。“五个一”建设的总任务就是通过治脏治乱、绿化美化，

实现郊区空气清新、环境优美、舒适洁净、文明富裕。其具体内容是“五个一”：确定一个新环境建设负责人；组织一支精干的保洁队伍；配备一套必需的保洁设备；建设一个标准比较高的垃圾填埋场；建立一个有利于广大农户积极参加保洁的好制度。

1997—1998 年，郊区以治理脏乱差、净化环境为突破口，大搞城镇环境卫生，清运积存垃圾，治理公路沿线“白色污染”。1999 年 4 月，在顺义区马坡乡召开全市郊区环境整治现场会，岳福洪（时任副市长）代表市委、市政府提出，在郊区开展环境整治“五个一”建设，推动郊区环境建设上一个新台阶。到 2001 年年底，90%以上的村基本落实了“五个一”的要求，农村卫生基本实现专人负责、专人保洁、垃圾及时清运填埋的责任制，初步解决了郊区垃圾暴露、农村乱堆乱放、公路沿线“白色污染”等问题。

四、迎奥运，提高郊区环境建设质量

在“五个一”建设的基础上，从 2002 年起，围绕办“绿色奥运”的要求，以全面提高北京郊区环境建设质量为中心，在远郊 10 个区县中，村庄环境实施“四化”（即绿化、美化、硬化、净化）建设，公路环境实施“进京第一印象工程”（如密云县长城环岛工程、大兴京开高速公路等），城镇环境实施“黄土不露天”“垃圾不露天”等工程建设。

五、旧村改造试点

2005 年，国务院批复北京市实施《北京城市总体规划（2004—2020 年）》。为执行总规，加快郊区农业和农村现代化的进程，改善农民的生产和生活环境，更好地解决“三农”问题，市政府决定，从 2005 年第二季度开始，由市委农工委、市发改委等 9 部门组织实施旧村改造试点，力求通过科学规划、合理布局、政策引导、规范发展，建设一批集体经济夯实、农民生活富足、住宅居住舒适、生态环境良好、社会安定有序，具有经济和建设特色的新农村，带动周边地区经济、社会和生态的协调发展。13 个旧村改造试点包括：门头沟区妙峰山镇樱桃沟村，房山区城关镇八十亩地村，通州区永乐店镇东张格庄村，顺义区赵全营镇北郎中村，大兴区青云店镇东店村，昌平区马池口镇畚㧡屯村，平谷区大华山镇挂甲峪村、镇罗营镇玻璃台村，怀柔区雁栖镇官地村、北房镇驸马庄村，密云县巨各庄镇蔡家洼村，延庆县八达岭镇营城子村、延庆镇西白庙村河西屯村联村改造。

六、社会主义新农村建设

2005 年 10 月，党的十六届五中全会提出建设社会主义新农村的重大历史任务，以及“生产发展、生活宽裕、乡风文明、村容整洁、管理民主”的 20 字要求，对农村生态环境保护，提出“加大环境保护力度，切实保护好自然生态，认真解决影响经济社会发展特别是严重危害人民健康的突出的环境问题”。2015 年 12 月 31 日，中共中央、国务院发布《关于推进社会主义新农村建设的若干意见》。

2006 年，北京市委、市政府发布了《关于统筹城乡经济社会发展　推进社会主义新农村建设的意见》《关于促进农村产业发展的意见》《关于加快村镇基础设施和公共服务设施建设的意见》《关于加快发展农民专业合作组织提高农民组织化强度的意见》（即北京市新农村建设“1+3”文件），指导、推进社会主义新农村建设，并成立了“北京市社会主义新农村建设领导小组”，小组下设综合办公室（设在市农委）和村务公开办公室（设在市民政局）。

在具体工作中，先试点再铺开，兼顾平原和山区、经济条件稍好和比较薄弱、社会条件等因素，2006 年、2007 年和 2008 年，分别确定 80 个、120 个和 200 个村进行试点，探索基础设施建设模式、建设内容和投资渠道。可以说，从 2006 年开始，北京市农村生态环境保护进入村庄人居环境、社会发展环境、农业生产环境统筹推进的时代。

七、农村生活用能结构调整

千百年来，我国农村长期使用秸秆和薪柴作为炊事和取暖的燃料。北京也不例外，资料显示，1979 年仍有约 90 万农户以薪柴为主，每年需求达 90 万 t，而合理供应量只有 40 万 t，过量樵采 50 万 t，对生态造成破坏。

为改变这种状况，改善农村人居环境，从 1975 年开始，北京市逐步调整农村生活用能结构。1975 年 4 月，国务院召开全国沼气工作会议。1976 年 6 月，北京市成立推广沼气领导小组。“六五”时期，市政府把推广户用沼气作为农村建设重点事业之一；到 1985 年年底，全市约有 25 万人用上了沼气，涌现出通县苏庄、大兴县留民营等一批典型。“七五”期间，开始建设大中型沼气工程，昌平县沙河镇踩河新村沼气工程是京郊第一个集中供气试点工程；大兴县义和庄是中国和德国共同建设的“北京市新能源示范村”，新能源开发与利用达到国内先进水平，成为国内最大的新能源示范基地。“八五”期间，通州和大兴被原国家计委、农业部等八部委列为全国 100 个农村能源综合建设重点县，昌平县被列入北京市农村能源综合建设县，大兴县被评为农村能源综合建设先进县。“九五”期间，密云、怀柔、平谷被列为全国农村能源综合建设县。

1996—2005 年，结合畜禽粪便等有机废水资源化处理，大力推进大中型沼气工程、生物质气化工程，通过综合开发利用自然能源、生物质能源和节能改造技术，逐渐由单纯的解决农村生活用能向综合利用发展，涌现出顺义区北郎中村、大兴县大辛庄乡等一批典型。

在节能方面，顺义、通州、大兴被列入全国农村改灶节柴试点县。在改灶的同时，推广采暖炉和使用型煤等节能技术。大兴、顺义、通县、平谷、密云、延庆、房山先后被列为第一批、第二批全国型煤推广试点县。引进吊炕技术并迅速在郊区县大规模推广。

在太阳能利用方面，主要是太阳能热水器、太阳房得到较快发展。大兴留民营村在旧房改造时最早建起太阳能采暖用房，平谷县大峪子村建造了 2 000 m^2 太阳能校舍，平谷县岳各庄村建起了 4 285 m^2 太阳能采暖居民住宅楼，大兴义和庄建造了 314 m^2 主动-被动混合式太阳房。

同期，组织实施生态家园富民计划和北京市能源生态示范户建设。生态家园富民计划是农业部于 2000 年提出并组织实施的，该计划整合了各类可再生能源技术和生态农业技术。北京市根据实际情况，各山区县以猪-沼-果、猪-沼-菜等“四位一体”能源生态模式为主，针对区域特点，集中连片，实施生态家园富民工程，力求家居温暖清洁化、庭院（园）经济高效化和农业生产无害化。能源生态示范户建设以推广节能炉具、吊炕、太阳能热水器、户用沼气等新能源技术为主，全市各类能源生态示范户 7 100 户，辐射带动农村改善用能结构，提高农民生活水平。

自 2006 年开始，农村能源工作纳入“三起来”（让农村亮起来、让农民暖和起来、让农业资源循环起来）工程建设中，统筹推进。通过实施《北京市 2013—2017 年清洁空气行动计划》，2013 年，开始组织实施“减煤换煤清洁空气”行动，农村能源结构进一步调整。全市有 75.4 万户农户实现散煤采暖煤改电采暖（30%蓄热电暖器、70%空气源热泵），几万户实现散煤采暖煤改用天然气采暖，暂时仍采用散煤采暖的，也采用低硫优质燃煤。北京市农村家庭基本实现炊事燃气化。

八、“五+三”工程建设

“五+三”工程，是在社会主义新农村建设过程中，根据农民最关心、最直接、最现实的需求，结合农村工程特点，总结出最能满足农民生产生活基本需求的建设工程。

“五”，是指“五项基础设施”工程，具体包括村庄街坊道路硬化（含绿化）、安全饮水（包括老化供水管网和一户一表）、污水处理、垃圾处理（含垃圾分类、收集、运输和处理）、厕所改造（包括户厕改造、公厕建设)。

2008年,印发《北京市新农村“五项基础设施”建设规划(2009—2012年)》。2009年,为应对全球金融危机,落实“保增长、保民生、保稳定”的要求,经过充分论证、广泛发动和精心准备,将四年任务调整为两年实施。2009—2010年,集中开展3 100多个村庄工程建设,提前两年完成目标任务。

表4-1 “十一五”时期北京郊区农村“五项基础设施”建设情况

年份	2006	2007	2008	2009	2010
农村街坊道路硬化/万 m^2	313	518	818	3 184	2 687
街坊道路绿化/万 m^2	286.1	260.4	795.2	1 394.9	1 246
农村安全饮水供水管网/km	3 120.7	5 242.9	13 219.9	5 049	5 733
一户一表/万块	10.8	11.93	26.93	25	24.01
农村污水处理率/%	17.1	26.2	31.7	35.8	39.9
农村公厕/座	300	396	350	3 093	2 325
农户厕所改造/万座	11.03	10.46	11.36	22.81	17.4

注:摘自《北京市社会主义新农村建设报告(2006—2010)》。

“三”,是以新能源推广利用为重点,实施“让农村亮起来、让农民暖起来、让农业资源循环起来”为主题的“三起来”工程,以改善农村夜晚照明不足、农民住宅冬季室内温度偏低、农户炊事采暖用能结构不合理、农业循环经济发展不够等问题。“十一五”期间,为农村安装太阳能路灯16.91万盏,更换节能路灯12.58万只,为农户更换节能灯泡1 167万只,铺设节能吊炕39.1万铺,建设太阳能公共浴室927座,完成既有住宅节能保温改造4.24万户,新建农宅节能抗震民居1.39万户,实施地热采暖1 460户,建设大中型沼气集中供气系统工程108处、大中型生物质气化站142座、户用沼气池8 715户,生物质燃料加工点22个,配置生物质炉具5.14万台,建设养殖场粪污处理工程727处,开展了“送气(液化石油气)下乡”等工作。

通过实施“五+三”建设工程，郊区农村基础设施建设逐步完善，村庄告别了夜晚黑漆漆、冬天冷冰冰、晴天一身土、雨天两脚泥、炊事烟熏火燎的旧面貌，基本实现了路畅、水清、村绿、街净、厕卫生、居舒适。

九、郊区小城镇建设

小城镇是推进城乡一体化的重要节点、重要载体，承担着转移本地农村人口、聚集农村产业和解决各地农民就地城镇化的功能。通过开展小城镇建设，统筹推进各项环保基础设施建设，统筹周边环境治理，统筹周边村庄环境改善，是改善农村地区环境的一种有效手段。

20 世纪 90 年代，北京市确定了 37 个重点小城镇。2009 年，结合城市总体规划的调整和社会经济发展实际情况，北京市确定将远郊区 42 个建制镇调整为重点发展的小城镇，并印发《关于本市重点小城镇建设有关工作的通知》。市发展改革委对 42 个重点小城镇基础设施和公共服务设施，启动实施了“十个一”建设工程，包括垃圾密闭化收集转运系统、集中供水厂、污水处理厂等 10 个方面的内容。市政府各有关部门、区县政府按照规划目标、城镇化与新农村建设“双轮驱动”战略要求，优先做好重点小城镇的镇域总体规划和土地利用总体规划，加快推进各项基础设施建设。

第三节　农业环境保护

北京市农业开发历史悠久，主要集中在平原地区，约占全市国土面积的 38%。新中国成立后，市政府组织群众开展了农田水利基本建设。自 1953 年执行国民经济发展第一个五年计划开始，至 70 年代中期，农业开发主要是促进生产，保障首都市场供应。

20 世纪 70 年代，开展农村现代化和能源建设试点，利用农业生产废弃物推广沼气。从 20 世纪 80 年代开始，农业生态环境保护开始提上日程，市农业和环保等部门组织开展生态农业试点，支持大型猪场、鸡场、牛场开展畜禽养殖系统生态工程建设，以及加强渔业水环境保护，限制和逐步取消网箱、围网养鱼，开展增殖放流等。20 世纪 90 年代中期，开始实施秸秆禁烧工作，农业尤其是种植业逐步开展大气污染治理，先后开展秸秆禁烧、保护性耕作、生物覆盖、农机尾气检测治理等工作，为改善大气环境质量作出了贡献。

一、生态农业示范

20 世纪 80 年代，北京市将农村现代化建设与能源建设相结合、资源和环境保护相结合，进行农业生态试点。技术路线上，是以沼气为纽带，通过建立“猪-沼-果、猪-沼-菜”等生态模式，建成 4 个示范县、上百个示范村、数十个示范园区、几万个示范户，实现农业生产良性循环，取得较好的能源、生态和经济效果。

1994 年，大兴县和密云县被列入第一批国家级生态农业示范县，并于 1997 年通过验收，是全国第一批 51 个生态农业示范县。2004 年，平谷区、怀柔区通过国家第二批生态农业示范县验收。

北京市开展生态农业示范村（园区、户）等具有地方特色的生态农业示范工程，得到党和国家，乃至世界的广泛关注。生态农业示范村建设，通过组织实施不同生态措施形成各具特色的生态模式，逐步达到村容整洁、环境优美、经济状况良好的建设目标，涌现出大兴县长子营乡留民营村、房山县窦店镇窦店村、昌平县沙河镇丰善村、密云县河南寨乡北单家庄村等一批建设典型。特别是留民营生态农业试点在全国生态农业发展中起到了示范作用，该村村长张占林被联合国环境规划署授予 1987 年度“全球 500 佳”，成为第一批获此殊荣的个人。

生态农业园区结合区域特色，因地制宜，对当地农业生产起到了良好的示范带动作用。如朝阳区蟹岛农业园是以生产、生态、展示为主要功能的生态观光农业园区；顺义区北郎中村以沼气工程为纽带，建设种养结合的生态农业园区；延庆县香营蔬菜科技示范园采用物理防治（安装高压汞灯）和生物防治相结合的生产方式，辐射周边蔬菜生产面积1万多亩。延庆八达岭镇礼炮村以生产绿色安全果品、生物质气化集中供气和民俗旅游作为主要特色；平谷区大华山镇挂甲峪村充分利用太阳能，在村中和山上的旅游点使用太阳能路灯、太阳能灶、太阳能热水器，在果园中使用太阳能诱杀灯，以解决山区用电难的问题，取得了良好的经济效益、社会效益和生态效益。

二、种植业污染防治

种植业作为可持续发展的基础产业，兼具修复生态、资源循环利用的功能。北京市农田面积占全市国土面积的15%，但在整个生态大系统中发挥的功效不可替代。北京市第二次全国农业普查数据显示，全市2006年农业生态服务总价值已达5 813.96亿元（含森林资源贴现价格）。

种植业污染防治大致经历了以下历程：从新中国成立初期至1995年，北京市种植业主攻粮菜，保障供应，随之农药、化肥用量大大增加；从20世纪70年代至80年代中期，农业环保工作以控制和合理使用农药、化肥为主，1984年全面停用“六六六”“滴滴涕”等有机氯农药，广泛推广使用菊酯类杀虫剂。1996—2002年，随着生活水平由温饱型向小康型转变，种植业突出效益、加快调整，近郊种植业发展以科技、精品、观光为特点的都市型绿色产业，远郊平原地区扩大集约经营规模，以优质高效为目标加快现代化种植业建设步伐，远郊山区为城市生态屏障和水源涵养地，在保护生态平衡的前提下加快资源综合开发，发展特色产业、绿色食品和休闲产业。从2003年开始，种植业凸显生态功能，开始发展循环农业：一是充分利用各种废物，最大限度地向能源化转化；二是减少化肥、农药投入量，特别是降低耗水量，提高资源利用率，避免造成环境污染；三是节约使用生产资料，提高农业设施、设备的重复使用率；四是采用适宜品种和技术，实现农田四季全覆盖，充分彰显种植业的涵养水源、保育土壤、固氮制氧、净化环境、美化景观等生态效益。农田生态服务价值得到认同，2008—2015 年，市政府实施冬季作物农田生态补偿，对大田种植的小麦、牧草实施补贴，鼓励农田全覆盖、避免裸露农田扬尘。

（一）逐步减少农药使用

主要从逐步取代有机氯农药、推广生物防治和开发缓释技术等方面逐步减少农药使用。

1. 取代有机氯农药

据《北京志·市政卷·环境保护志》记载，20 世纪 50 年代，北京市化学农药年销售量 30 t，1965 年达 5 094 t，1975 年达 1.17 万 t，其中以“六六六”“滴滴涕”等有机氯制剂为主。从 1972 年开始，市卫生部门对居民食用的本地和外地商品粮、菜、果、鱼、蛋、奶、肉、食油等食品中所含的“六六六”“滴滴涕”残留量进行了检测，在被检测的 432 件样品中，“六六六”的污染率为 100%，“滴滴涕”为 27%，商品粮超标率高达 73%，种鸡蛋中“六六六”“滴滴涕”含量达 3.5 mg/kg，超过标准 3～4 倍；猪肉中最高含量达 20 mg/kg，超过标准 5 倍。市卫生防疫站检测了北京市 126 例胎儿、婴儿及成人尸体的肝脏，发现平均蓄积量为 10.2 mg/kg 体重（主要是“六六六”），引起北京市的高度重视。

从 1973 年开始，北京市在蔬菜生产上禁止使用“六六六”“滴滴涕”，并由市农业植物保护站研究高效低毒有机磷制剂，代替有机氯农药。1974 年小面积试验地面超低量喷雾技术，以高效低毒敌百虫油剂代替“六六六”“滴滴涕”，1975 年大面积示范推广，1976 年大面积使用。1977 年，全市用超低量喷雾技术防治害虫达 84 万 hm^2。

1976 年 5 月，市革委会成立“北京市防止有机氯农药污染领导小组”，由市农林、卫生、环保、科技、化工、粮食、商业、农机和市农科院等 9 个部门组成，负责对有机氯农药的施用及污染情况进行调查，提出并实施防治对策。1979 年，市政府决定在鲜果生产及麦收前的小麦上，禁止使用“六六六”“滴滴涕”。1982 年，北京市自产的蔬菜、小麦、玉米、稻米、淡水鱼中，“六六六”“滴滴涕”已经或基本不超过国家卫生标准，鲜果、猪肉、鸡蛋的超标率也有明显降低。1983 年，市农业植物保护站组织 14 个县（区）及红星、双桥、西郊 3 个农场成立取代有机氯农药药效试验网；1984 年，推广使用筛选出的 14 个农药新品种，当年生产的粮食合格率达到 99.7%，“六六六”平均含量为 0.03 mg/kg，“滴滴涕”基本未检出；水果、淡水鱼、蔬菜、猪肉中的“六六六”“滴滴涕”残留量均未超过国家标准。1984 年 3 月，在全国率先全面禁用有机氯农药，并停止生产和销售。

2．推广生物防治

20 世纪 60 年代初，北京市开始试用苏云金杆菌、农用抗菌素及井岗霉素等以菌治虫，防治蔬菜病虫害。70 年代，开始试验人工繁殖赤眼蜂防治玉米螟和其他农林害虫，1977 年大面积示范，1978 年推广使用，并获得成功。到 1983 年年底，累计玉米地放蜂面积 35.2 万 hm^2，增产玉米 5 万多 t，节约农药 1 300 多 t（以 50%“滴滴涕”计）。1984 年，放蜂防治玉米螟面积 3.5 万 hm^2，扩大林、果、菜放蜂防治面积 667 hm^2。“六五”期间，全市年均放蜂面积 4.5 万 hm^2，“七五”期间 2 万 hm^2。1986 年，密云县微生物制品厂建成，开始生产微生物农药“苏云金杆菌”制剂（即 BT 乳剂）、“井岗霉素”（主要防治水稻纹枯病）、“农抗 120”（主要防治小麦、瓜类白粉病）等菌制剂和“增产菌”。

3．研究推广农药缓释技术

市农技推广站开发新剂型缓释农药——根用控释农药片剂，作物栽培时一株一片施入土壤，一次施药可以得到全程预防的效果，农药利用率提高到 60%以上。5%吡虫啉根用缓释片已在郊区设施种植上示范应用，预防蚜虫效果 95%，预防白粉虱效果 85%。

（二）减少化肥施用

过量施用化肥将导致农产品品质下降、加剧环境污染、浪费大量资源、经济效益低等问题。减少化肥施用的主要措施是通过测土配方施肥技术，使化肥在农业生产中的正面作用最大化、负面效应最小化。

2005 年，推广测土配方施肥技术列入北京市政府折子工程，包括蔬菜、果树、优质粮食、牧草实施面积 46 万亩，示范区肥料施用量下降了 15%。2006 年，北京启动“测土配方施肥全覆盖工程”，11 个区县推广 143.2 万亩。采用专用肥连锁配送到户另加补贴的“一站式”服务方式。测土配方施肥每亩化肥用量节省 6%～8%，肥料利用率提高 7.5%。推广区共节约化肥 2 682.8 t。2007 年，建立了 10 个区县的“测土配方施肥数据管理和推荐施肥平台”，推广测土配方施肥 346 万亩。2008 年，9 个远郊区县列入农业部测土配方施肥示范区，覆盖面积 420 万亩。试验示范和生产实际调查表明，推广测土配方施肥，减少了化肥的投入，肥料利用率提高 7.5%以上，有效地解决了施肥过程带来的环境污染问题。

“十一五”期间，努力提高物理防治及生物防治比例、测土配方平衡施肥技术应用比例和抗病新品种的应用，使农药、化肥的使用量均降低了 30%左右，全市的化学农药施用总量下降 6%～8%，化肥施用总量下降 8%～10%。

（三）种植业面源污染综合控制

1．延庆县控制农村面源污染示范工程项目

2001 年，原国家环保总局在全国设立巢湖、太湖、滇池、珠江三角洲和延庆县五个控制农村面源污染示范区。2002 年，原国家环保总局正式批复延庆县实施我国北方地区控制农村面源污染示范工程项目，由市环保局、延庆县政府组织，延庆县环保局、延庆县种植业服务中心、北京市农林科学院具体实施。该工程项目控制区面积 520 km^2，占全县面积的 27%，累计投资 3 859 万元（其中市级投资 1 520 万元），实施了农作物秸秆综合利用、环境友好肥料推广、病虫害综合防治、畜禽粪便资源化利用、面源污染检测评价系统、生态环境综合治理以及宣传技术培训等七大工程。2006 年 7 月，该项目通过阶段验收；2007 年 12 月，完成成果鉴定，延庆县成为我国北方唯一的控制农村面源污染示范区。

该项目以代表性种植业、养殖业合作组织为重点实施对象，应用“3S”技术、^{15}N 示踪技术，估算评价各面源污染因子环境负荷、风险及分布规律，揭示农业面源污染物迁移转化规律，确定面源污染控制重点和方向。以农业生产资料源头减量和种植业废弃物资源化综合利用为重点，研发农业面源污染控制关键技术，创制出户用生物质气化炉、新型太阳能杀虫灯、环境友好肥料为核心的新产品，获得实用新型专利 9 项，发明专利 1 项，并建立相关产业。将农村面源污染治理技术集成组装配套，通过实施新能源利用、秸秆加工、环境友好肥料、畜禽粪便处理、生物农药和生物物理综合防治、环境监测等，系统提出以农村面源污染控制为主要目标的循环经济模式、工作方法和机制，形成源头控制、过程调节、末端治理三个层面的农业面源污染控制技术体系，形成了农业循环经济链，建立有效控制农业面源污染基本模式，为我国北方地区乃至全国农村面源污染治理提供范例。

项目扶持带动、辐射周边，在延庆、大兴、密云等郊区县主要农业生产区示范推广，取得良好效果。建设生物质集中气化站 23 处，年产气能力达 561 万 m^3；推广生物质气化炉 8 239 台；延庆县秸秆利用率达 75%。推广缓控释肥 62 万亩，作物病虫害生物物理防治技术 53 万亩；建成秸秆加工点 34 个；建成年处理 3 万 t 畜禽粪便处理厂 1 座；粮田基本实现留茬免耕；并对万余人进行了培训。2005—2007 年，示范推广累积增加经济收益 2.6 亿元，促进当地环境的整体改善和生态产业的发展，具有良好的社会效益和生态效益。到 2007 年年底，延庆县共有 31 家企业45个农产品获得农业部无公害食品认证；19家32个品种通过有机认证，康庄兴利鹏奶牛场生产的“归原”牌有机奶是全国第一个正式上市的有机奶产品；建立起有机蔬菜和奥运蔬菜基地。控制技术在新疆、黑龙江、吉林、辽宁、内蒙古、河北、山东、上海、湖南、贵州、广东11个省、市、自治区推广应用。

2．建设面源污染控制综合示范区

从2005年开始，市农业局、市环保局组织开展减少农药化肥用量降低农业面源污染（试点）技术与示范项目，提出了示范区内化学农药使用量降低50%，化肥施用量降低30%的目标。到2010年年底，全市共建成面源污染控制示范区50个，覆盖面积达2万亩。

通过项目实施，基本摸清北京市农药、化肥施用情况，明确示范基地存在的主要问题、污染状况等。初期实践阶段，示范基地整体减少施药4～13次/a，保护地蔬菜减少农药使用量约每亩1.5 kg，露地蔬菜减少农药用量每亩 0.6 kg，总体节省农药 30%以上。所有试验示范基地蔬菜农药残留抽检合格率100%，从根本上杜绝了高毒、高残留农药的使用，杜绝高毒农药对环境造成二次污染。在集中使用杀虫灯的地区调查，每盏灯在害虫发生期诱虫 400～800 头/h，害虫盛发期达2 000～18 920 头/h，大面积节省农药 40%～50%，部分减少 2/3 用药量。监测数据表明：调控施肥比传统施肥降低了氮肥投入 20%，产量提高15%，减少硝酸盐淋洗30%，减少氮素气态损失20%，减少径流损失10%以上。

同时，加强农村面源污染监测。2005—2007年，北京市农业环境监测站组织完成了13个区县、184个乡镇的拉网式农业污染源清查，建立国家级常年监测点23个、面源污染监测和控制综合示范区60个，辐射面积达20万亩以上。

（四）郊区裸露地扬尘污染治理

北京市郊区裸露地表风沙危害来源主要有两类。一是永定河、潮白河、大沙河、康庄、南口地区（简称“三河两滩”）近 20 万亩裸露地；二是季节性裸露农田。从土地用途上分，以上两类地区均属于农用地。2002—2006 年，北京市对“三河两滩”地区实施“播草盖沙”工程，对季节性裸露农田实施生物覆盖和保护性耕作技术，减少本地扬尘污染、水土流失。

1.“播草盖沙”工程

2002—2006 年，环保部门和林业部门共同组织实施 21 万亩的“播草盖沙”工程。该工程通过引进种植沙生、抗旱灌木植物及草本植物，增加地表植被盖度，有效地抑制就地扬沙危害，并涵养水源、保持水土，提高景观效果。主要栽植灌木有沙地柏、荆条、紫穗槐、柽柳、白榆、饲料桑、沙棘、京桃、毛桃、山樱桃、卫矛、高山柳、沙枣等，播种草类品种有草木犀、白三叶、二月兰、紫花地丁、沙打旺、紫花苜蓿、板兰根、披碱草、无芒雀麦、狼尾草等。

市林业工作总站、市农科院的研究表明，“播草盖沙”工程具有以下生态效益：

（1）可明显减弱地表风速，使 10 cm 高度的地表风速减弱 23.28%～47.54%。

（2）有效降低沙化土地的风蚀量，植被盖度在 10%～30%，风蚀量每平方米可降低 224～2 220 g，30%的盖度是一个有效防沙、减少风蚀的临界值，当播草盖沙的植株盖度达到 30%以上时，可有效地起到防沙作用。

（3）可在一定程度上改变土壤颗粒组成，使小于 0.001 mm 的黏粒含量和小于 0.02 mm 的物理黏粒含量同对照相比有所增加，播草对土壤肥力的提高有一定的促进作用。

（4）能有效地降低土壤水分蒸发，抑制土壤返盐，0～20 cm 土壤中 pH 值下降 0.35～0.52，全盐含量下降 1.86～3.32 mg/g。

（5）可改善土壤物理性状，提高土壤渗透速度。

（6）明显减小下风向的 NO_2、CO 浓度，在浮尘天气下，播草能有效减轻 PM_{10} 和 TSP 的污染，使 TSP 值减小 10%～56.52%，PM_{10} 减小 3%～30.77%，且随风速的增大而增大。

（7）形成立体种植模式，丰富林分层次，解决单一植树造林地表裸露、扬尘起沙没有得到治理的问题，增加植物品种，增加绿色资源，改善生态环境。

2．生物覆盖工程

从 2002 年开始，环保部门和农业部门组织实施生物覆盖工程。该工程是在 3 年以下幼龄林果间作三叶草、紫花苜蓿、二月兰等多年生饲草，在农田内种植越年生小黑麦、多年生芦笋、紫花苜蓿及宿根药材，增加农田植被覆盖面积，减少扬尘污染。市农业技术推广站开展裸露农田治理和农田防尘保护性耕作技术的试验研究，确定了平原、山区、果园、沙荒地 7 种种植模式，推荐了四大类越冬生态作物 28 个品种，提出了 9 项主推技术。到 2008 年年底，全市农田覆盖面积 313.34 万亩，覆盖率 90.05%，较 2006 年同期增加了 53 个百分点；其中生物覆盖率 51.79%，比 2006 年增加了 13 个百分点，京承高速公路都市农业走廊及奥运场馆周边基本实现了“无裸露、无撂荒、无闲置”。到 2010 年年底，全市农田 “无裸露、无撂荒、无闲置”，有效地抑制了农田浮尘的发生。

生物覆盖措施主要有以下生态效果：

（1）有利于改良土壤结构。种植作物以多年生牧草紫花苜蓿为主，其根瘤菌固氮作用强，可积累大量氮素，其遗留在土壤中的死根、根瘤和残枝可增加土壤有机质含量，改善土壤结构，提高土壤肥力。据监测，种植 2 年的苜蓿地，土壤有机质可达 2%～2.88%，每公顷苜蓿一年可固定 270 kg 氮素，相当于 825 kg 硝酸铵。

（2）减少水土流失。种植作物根系发达，覆盖度大，其根部既能充分利用土壤深层的水分、养分，也能减少土壤侵蚀，拦截地表径流，防止冲刷，减少水土流失。据试验，同样的土地，苜蓿地流失水量仅为粮食作物耕地的 1/16，流失土量为粮食作物耕地的 1/9。

（3）可以改善环境。有些牧草可以分解土壤中的酚、氯化物、硫化物，使水土变得洁净；草地可大量吸收空气中的二氧化碳，每公顷饲草地可吸收二氧化碳 1.5 t；能有效减缓风速，防止风沙对农田的侵袭。另外，牧草可促进有益微生物的繁殖。

3．推广保护性耕作技术

随着生产力水平的发展和人类对环境问题认识的深化，铧式犁耕翻的负面效应愈加明显，特别是 1935 年美国“黑风暴”的发生，否定了传统的耕翻制度，取而代之的是以少耕、免耕和秸秆覆盖为核心的保护性耕作技术。2004 年，中国农业大学对免耕留茬覆盖和传统翻耕风蚀量的监测表明，免耕留茬地 3—5 月风蚀深度比传统翻耕地减少 2.62 mm，每万亩风蚀总量减少 2 094.6 t。

1996 年，北京市开始大力推广夏玉米免耕覆盖种植，到 2000 年夏玉米基本实现了保护性耕作。2002 年，开始试验示范春季和秋季保护性耕作，2004 年，季节性裸露农田基本上实现了“留茬免耕”。2006 年 5 月，农业部和北京市人民政府在人民大会堂举行了“北京市全面实施保护性耕作项目”启动仪式，确定到 2008 年，用三年的时间，粮食作物全部实施保护性耕作（粮食保护性耕作面积要达到播种面积的 80%以上），取消铧式犁作业。2006 年 6 月，市农委印发《关于加快发展机械化保护性耕作的通知》，要求把发展机械化保护性耕作纳入各级政府农业和农村经济发展的总体规划，加大机械化保护性耕作的研究和推广。

2008 年，北京市机械化保护性耕作面积达到 282.2 万亩，其中春季完成 110.8 万亩，占播种面积的 85%；夏季完成 93.6 万亩，占播种面积的 97%；秋季完成 77.8 万亩，占播种面积的 83.8%。2010 年，冬小麦、玉米和豆类保护性耕作技术累计推广 389 万亩，在全国率先实现全面实施保护性耕作目标。

（五）农作物秸秆全面禁烧

焚烧农作物秸秆，解决农业生产废弃物，并获取草木灰作为农家肥，是传统农业的生产方式。但大量秸秆焚烧，造成了严重的空气污染，特别是夏季大量焚烧小麦秸秆，甚至严重影响首都机场航班起降和公路交通安全。

1996 年，北京市以首都机场为中心，将半径 15 km 以内划定为禁烧区。通过推广夏玉米免耕覆盖播种，加强禁烧检查，实现禁烧区内全面禁烧秸秆。1998 年，北京市提出用 3 年时间解决焚烧秸秆问题，“决不把硝烟带入 21 世纪”。农业、环保、公安、财政、城管等部门共同推动，以夏玉米免耕覆盖播种为主要技术手段，加强联合检查，到 2000 年，实现了小麦秸秆全面禁烧。

三、畜禽养殖污染防治

北京市畜禽养殖业经历了由分散养殖到集约化、规模化养殖的发展阶段，畜禽养殖污染防治也经历了从不关注到关注、不重视到重视、水冲粪到干清粪、单纯治理到综合利用的过程。20 世纪 90 年代以前，规模养殖场普遍采用水冲粪的生产工艺，进入 90 年代，北京市畜禽养殖开始按照“减量化、生态化、无害化、资源化”的目标对畜禽养殖产生的粪便进行综合治理。

（一）规模养殖场污染治理

1974 年 12 月，市革委会决定在南苑红星公社等 3 处兴建 100 万只鸡的机械化养鸡场。1975 年 9 月，中共中央在《关于大力发展养殖业的通知》中明确提出“大城市要尽快办一些机械化、半机械化养猪场、养禽场、养牛场，所需资金、物资列入国家计划”。自此，北京市畜牧业开始向规模化、现代化方向迈进。1978 年 1 月，红星鸡场建成投产。20 世纪 80 年代，建成大批规模化、集约化畜禽场。到 2010 年年底，北京市有畜禽规模养殖场（小区）2 312 个，畜禽存栏 2 144 万只，全市规模化程度大幅提高到 75%以上。

表 4-2　2004—2010 年北京主要畜禽规模化率情况

年份	生猪 ≥500 头 （出栏）	奶牛 ≥100 头 （存栏）	肉牛 ≥100 头 （出栏）	蛋鸡 ≥10 000 只 （存栏）	肉鸡 ≥50 000 只 （出栏）
2004	55.57%	73.69%	57.35%	41.13%	33.65%
2005	56.33%	72.91%	51.21%	44.90%	34.01%
2006	52.8%	63.99%	33.82%	55.09%	35.35%
2007	53.69%	68.52%	42.77%	61.73%	46.17%
2008	60.40%	70.15%	46.97%	68.14%	51.84%
2010	64.14%	81.28%	50.89%	66.74%	55.08%

数据来源：相关年度的《中国畜牧业年鉴》，并经整理。

随着大批规模化、集约化畜禽场的建成，畜禽粪便污染问题逐渐显现。据监测，冲刷鸡舍的粪水化学需氧量（COD）大于 2000 mg/L，生化需氧量（BOD）大于 1 500 mg/L，悬浮物大于 500 mg/L。规模化畜禽场的粪便严重污染了附近空气、水体，引起附近居民的强烈不满。针对这一情况，市人大代表及市政协委员多次针对畜禽粪便污染问题，提出提案和建议。

从 1985 年开始，市环保局支持规模化猪场、鸡场的重点生态工程。1987 年开始，北京市畜牧局对畜禽粪便和污水进行综合治理。1988 年，制定了《北京市畜牧局环境保护暂行管理条例》和《绿化美化达标条例》。1994 年，北京市畜牧业环境监测站正式成立，成为北京市第一家从事畜牧环境保护工作的专业机构，并率先在全国开展畜禽场环境质量评价工作。2002 年，市环保局对 67 家定点生猪屠宰企业的废水排放进行监测，要求超标企业限期整改。2003 年全面启动规模化畜禽场产地环境质量常规监测，逐步形成以市级监测站为中心、以规模化畜禽场为监测基点的监测管理平台。

2000 年，市政府组织开展规模化畜禽养殖污染调查。2001 年，制定畜禽养殖场污染治理规划。2002 年，以筹办“绿色奥运”为契机，市政府出台《关于加快本市绿色养殖业发展意见》，要求加大畜禽养殖业布局结构调整、环境治理及资源化利用力度；采用政府支持、企业参与的方式，对污染较严重的大型养殖场进行粪污治理和资源化利用，在 30 多家养殖场开展污染治理试点；优化养殖业布局，五环路内养殖场进行转移和搬迁。截至 2010 年，五环路以内所有规模养殖场、六环路内大部分规模养殖企业完成搬迁，全市 93%以上的规模化畜禽场完成治理，绝大部分养殖场实现了粪污减量化、资源化、无害化。从 2012 年开始，结合国家“十二五”减排需要，设立专项资金，用于畜禽养殖污染治理。2013 年，环境保护部核定北京市 COD 排放 17.8 万 t，其中农业源 COD 排放 7.5 万 t，比“十五”期末的 13 万 t 下降了 43%。

（二）典型介绍

常规上，畜禽养殖场一般通过干清粪实现粪便污水分离，再采用三级曝气、生物工程、沼气等模式治理污水，治理后的污水可用于养鱼、灌溉农田等，从而实现治污、节水并举；通过把畜禽粪便加工成有机肥，用于种植业生产，促进农业生产良性循环。因此，《北京志・市政卷・环境保护志》记载的 80 年代，北京东郊农场苇沟猪场、峪口鸡场、第二种鸡场等畜禽养殖场的治理工程仍可供借鉴。随着治理工艺的不断进步，以“德清源”为代表的生态循环养殖业初具规模，大兴区生态型养猪的新模式也逐渐兴起。

1．“德青源”生态循环养殖业

北京德青源农业科技股份有限公司延庆养殖基地（以下简称“德青源”）成立于 2000 年，蛋鸡总存栏量为 260 万只，占地总面积约 9.6 万 m^2，是亚洲最大的蛋鸡养殖企业，也是北京生态循环养殖业的代表。

“德青源”通过自主研发的高效智能化厌氧发酵技术，将养殖基地每天产生的212 t鸡粪和300 t生产及生活废水，制成沼气用于发电（2009年4月9日并网发电成功，是世界上第一个利用鸡粪制取沼气发电项目，每年可向华北电网提供 1 400 万 kW·h 的绿色电力）；所生产的部分沼气输送给村民，解决周边 500 余户村民的炊事用气问题；同时，建立有机肥厂，将产生的沼渣进行处理后，加工成有机肥，用于周边农业种植，实现生态养殖、清洁能源、有机肥料、有机种植的良性循环，也实现了环境效益、经济效益、社会效益的有机统一。据测算，“德青源”循环经济发展模式，每年可减排化学需氧量 811.41 t，二氧化碳 8.4 万 t，氨氮 76.96 t；每年可为企业创造电力收入约 650 万元，获得碳减排补贴约 300 万元；通过订单农业方式，收购当地农民种植的绿色玉米，平均每年为 6 万农民创收 560 万元。

联合国开发计划署（UNDP）和全球环境基金（GEF）联合授予“德青源”沼气发电项目为“全球大型沼气发电技术示范工程”。2010 年 11 月 2 日，联合国秘书长潘基文率团对“德青源”北京生态园进行参观考察，对其实现零排放的循环经济模式，表示了充分肯定和高度评价，并题词“再生能源，促进可持续发展”。

2．大兴区生态环保养猪

大兴区生态型养猪新模式是一种基于微生态理论和生物发酵理论的零排放生物环保养猪模式。通过在猪舍内建立发酵床并铺设一定厚度的谷壳、锯末、秸秆等农副产品和菌种的混合物，形成一层垫料，猪饲养在上面，其所排出的粪尿在发酵床上经微生物发酵迅速完全降解、消化，从而达到免冲洗猪舍、无臭味、零排放的效果，从源头上实现环保和无公害养殖。

2009年，“大兴区生态环保养猪模式技术集成”被评为“新农村建设创新奖”一等奖、北京市农业技术推广一等奖。

四、水产养殖业污染防治

（一）取消网箱养鱼

1977年，市畜牧水产局在十三陵水库试养罗非鱼取得初步成效，北京市开始发展网箱养鱼。1987年，为改变首都水产品市场供不应求的状况，由市政府农林办公室、北京市计划委员会牵头，市财政局、市粮食局、市科委、市环保局、市水产公司等单位参加，成立北京市网箱养鱼领导小组，并组织开展郊区网箱养鱼工作。

随着网箱养鱼的发展，水质污染问题逐步显现，并引起重视。1989年，市科委下达“网箱养鱼（鲤）对水质的影响及防治措施的研究”项目，由北京市水文站、北京师范大学、清华大学、青岛海洋大学、北京市水产科学研究所、中国环境科学院等单位承担。项目以确保生态系统与良性循环的平衡为出发点，以经济效益、社会效益与环境效益相统一为目标，分析和提出网箱养鱼负荷力、网箱养鱼对水质的影响、保护水环境的工程措施和非工程措施等主要经济技术指标。

“八五”期间，进一步加强对密云水库、怀柔水库的管理，开始限制网箱养鱼。1997年8月13日，市环保局、市农林办、市水利局、市规划局联合印发《北京市密云水库网箱养鱼管理办法》。2002年，北京市发布实施《北京市实施〈中华人民共和国水污染防治法〉办法》，要求在生活饮用水地表水源保护区内，限制和逐步取消网箱、围网养鱼。2003年，密云水库、怀柔水库等地表水饮用水源全部取消网箱围网养鱼。

（二）渔业生态净水工程

渔业生态净水工程起步于20世纪90年代中期。这一时期，人们消费呈现多元化消费结构，观赏鱼养殖、休闲垂钓开始出现，渔业生产逐步从产量型向效益型转变，人们逐渐呼唤良好的水体环境，绿色渔业逐渐发展起来。

进入21世纪，涵盖生产型、生态型、生活型三种发展模式的都市型现代渔业逐渐发展起来，形成了渔业生态净水增殖区、现代都市渔业展示区、观赏鱼出口创汇区、山区观光旅游休闲区和池塘环保节水绿色名优水产品养殖区的“五区”布局。其中生态型渔业是采用先进的养殖技术对传统养殖方式进行改造和提升，使水资源和环境得到合理、有效的保护和利用，实现人与环境和谐统一的渔业发展模式。

2003年农业部印发《关于加强渔业资源增殖放流工作的通知》，要求各地保证生态安全，促进渔业的可持续发展。2006年，市农业局、市水务局、市园林绿化局联合印发《关于加强鱼类增殖放流，开展渔业生态净水工作的通知》，启动渔业生态净水工程，采用增殖放流的方法，修复水域生态环境、阻控水体富营养化和养护水生生物资源。此后，把渔业增殖放流扩展到河道、湖泊和城市景观水域。放流品种以滤食性鱼类为主，辅之以色彩艳丽的观赏性鱼类，以净化水体、美化市容，促进首都宜居城市发展。在池塘养殖水域，通过推广微生态制剂调节水质技术、科学合理使用渔用药物和饲料（添加剂）等投入品、水质净化技术（包括物理、化学处理），实现渔业养殖用水的循环利用，努力实现生产过程用水的“零排放”。

（三）密云水库增殖放流

密云水库是北京重要的地表饮用水水源，1996—1998年，北京市开展了有关密云水库渔业资源的调查。调查项目包括：水质分析、浮游生物及底栖生物调查、鱼类资源调查。调查结果说明，水体中含有较多的浮游生物，如不及时、有效加以治理，水质将会有富营养化的趋势。据此，北京市确定了以滤食性鱼类为主、草食性鱼类为辅的增殖放流计划。放流品种主要包括鲢、鳙、草鱼、鲂等滤食性、草食性鱼类。根据水库资源调查结果及每年进水量、捕捞量等，综合测算出每年的放库鱼种量，平均每年投放鱼种 16.8 万 kg，575.4 万尾。不但每年产商品鱼 2 000 多 t，为库区 1 000 多户移民解决生计，而且清除水中浮游生物每年近 5 万 t，有效地解决了水域富营养化问题，为全市人民喝上洁净水作出了贡献。

五、无公害、绿色、有机农产品

进入 20 世纪 90 年代，随着城乡人民整体生活水平的提高，对食物质量的要求也越来越高。1990 年，农业部提出“绿色食品”概念。1994 年 9 月，北京市成立“农副产品加工及绿色食品领导小组”。1995 年 12 月，市农业局成立“北京市农业绿色食品办公室”。1996 年 7 月，中国绿色食品发展中心委托北京市绿色食品办公室管理绿色食品标志。2000 年 4 月，市政府实施“食用农产品安全生产体系建设工程”，出台《北京市食用农产品安全生产暂行标准》《北京市食用农产品安全生产体系建设意见》，启动北京市安全食用农产品认证工作。2001 年 4 月，北京市被农业部列为“无公害食品行动计划”四个试点城市之一。2002 年实施“北京市食品放心工程”，成立北京市食品放心工程协调小组办公室，并要求环保、农业、水利、渔政监测部门对田间地头、生产水域开展农业环保监测。2003 年 8 月，国务院通过《中华人民共和国认证认可条例》。2004 年，按照统一标准、统一程序、统一标志、统一监督、统一管理的要求，将地方无公害农产品认证转换为全国统一的无公害农产品认证。2005 年，北京市正式开展全国统一的无公害农产品认证工作，市农业环境监测站成为中国绿色食品发展中心指定的绿色食品生产基地环境定点监测机构，以及农业部农产品质量安全中心指定的无公害农产品和无公害农产品产地环境双重定点监测机构。2006 年 11 月，《中华人民共和国农产品质量安全法》正式实施，北京市认真贯彻落实，制定了新的管理标准，规范了生产者、农田和产品等生产档案管理，强化了包装标签管理，建立了追溯管理制度。

截至 2008 年年底，全市“三品”（无公害农产品、绿色食品、有机食品）生产企业总数达到了 992 家，产品 2 800 个，监测面积 102.96 万亩。其中，有效使用无公害农产品标志的生产企业 562 家，产品总数达到 1 023 个，监测面积达到 67.16 万亩；有效使用绿色食品标志的企业总数 26 家，产品总数 66 个，监测面积达到 16.83 万亩；有效使用有机食品标志的企业总数达到 404 家，产品总数 1 711 个，监测面积达到 18.97 万亩。

六、起步阶段的乡村旅游环境管理

相对于城市而言，农村具有清新田园风光和浓郁乡土文化气息，吸引众多城市居民，带动乡村旅游产业发展。北京市顺势而为，乡村旅游产业成为农村产业结构调整优化的重要成果之一。以农业观光园、民俗旅游为主要内容的乡村旅游成为增加农民收入的主要经济增长点。

但在乡村旅游发展过程中，乡村环境破坏较严重、乡村基础设施不完善等环境问题逐渐涌现出来。对于乡村旅游的环境管理，一方面，在不影响乡村旅游的发展和农户收入的同时，从规划、建设、旅游容量控制、生活垃圾、污水处理等方面入手，引导乡村旅游科学、健康发展，避免造成自然资源的破坏，优先建设民俗旅游村的环保基础设施。另一方面，通过划分、评定乡村民俗旅游村（户）等级，打造乡村旅游精品线路，评选“北京最美乡村”等，引导各村各镇主动保护环境。

表 4-3 农业观光园、民俗旅游业发展情况统计（2005—2012 年）

项　目	2005 年	2006 年	2007 年	2008 年	2009 年	2010 年	2011 年	2012 年
农业观光园								
农业观光园个数/个	1 012	1 230	1 302	1 332	1 294	1 303	1 300	1 283
生产高峰期从业人员/人	40 729	52 828	51 392	49 366	49 504	42 561	46 038	48 906
接待人次/万人次	892.5	1 210.6	1 446.8	1 498.2	1 597.4	1 774.9	1 842.9	1 939.9
经营总收入/亿元	7.88	10.49	13.15	13.58	15.24	17.80	21.72	26.88
民俗旅游								
从事民俗旅游实际经营接待户/户	7 268	8 726	10 323	9 151	8 705	7 979	8 396	8 367
从事民俗旅游接待的人数/人	14 070	18 253	20 750	19 421	19 790	16 856	18 232	18 705
民俗旅游接待人次/万人次	758.9	982.5	1 167.6	1 205.6	1 393.1	1 553.6	1 668.9	1 695.8
民俗旅游总收入/亿元	3.14	3.65	4.96	5.29	6.09	7.35	8.68	9.05

数据来源：《北京市统计年鉴》。

特别是山区，经过多年的探索，明确山区的发展必须以良好的生态环境为前提。为此，2008 年在北京市山区工作会议上，将沟域经济作为推动山区发展战略的重要组成部分和转变山区发展模式的重要举措。

沟域经济是指以山区自然沟域为单元，充分发掘沟域范围内的自然景观、历史文化遗迹和产业资源基础，打破行政区域界线，对山、水、林、田、路、村和产业进行整体科学规划，合并打造，集成生态涵养、旅游观光、民俗欣赏、高新技艺、文化创意、科普教育等产业内容，建成绿色生态、产业交融、高端高效、特色鲜明的沟域产业经济带。2009 年，北京市委十届七次全会提出选择七条沟域，进行国际招标建设。通过理念引入、技术引入和资金引入，实现了山区高标准的整体建设与保护，明显加快了北京山区经济发展的步伐，也将更好地保护好山区生态环境。

第四节　农村环境综合整治

一、北京郊区村庄环境整治

为建设与北京奥运盛会相协调的农村环境，2006 年，市农委、市“2008”环境办制定了《北京郊区村庄环境整治实施方案》，确定了 2006 年整治 40%，2007 年整治 40%，到 2008 年 6 月完成剩余 20%村庄整治的目标任务，提出了“干净、整洁、路畅、村绿、建制”的整治标准。市政府实行普惠制补助，各区县量化任务，建立台账，整治一个核减一个。到 2008 年年底全市累计完成 3 500 个村的绿化美化，新增绿化面积近 4 000 万 m^2，栽植乔木 557.5 万株，花灌木 4 056.2 万株，地被 725.9 万 m^2。完成道路绿化 1 431 条，建成村内集中公共绿地 469 处，河渠绿化 158 条，环村林带绿化 219 处，大环境片林绿化 146 处，民俗旅游景点绿化 268 处。

二、落实中央农村“以奖促治”政策

2008 年 7 月，国务院召开的全国农村环境保护工作电视电话会议提出，针对严重危害农村居民健康、群众反映强烈的突出污染问题，采取有力措施集中进行整治，对经过整治污染问题得到解决的村镇，实行“以奖促治”；继续推进生态示范创建工作，搞好生活垃圾处理，发展清洁能源，加强绿化美化，对经过建设生态环境达到标准的村镇，实行“以奖代补”。

2009 年，北京市环保局、市财政局、市发展改革委印发《关于贯彻落实“以奖促治”政策进一步改善农村环境质量的实施方案》，明确以落实“以奖促治”政策、推进农村环境综合整治为抓手，不断改善农村环境质量。

（一）总体情况

2008—2013年，北京市61个村、28个乡镇获得中央资金支持。这些村镇加强了农村环境基础设施建设，减少了污染物排放，有效改善了村镇环境，并调动了周边村镇开展农村环境综合整治、改善自身生产生活环境的积极性。

表4-4 2008—2013年获中央农村环保专项资金补助村镇名单

年份	类型	村镇名称
2008	以奖促治	丰台区卢沟桥乡三路居村
		丰台区南苑乡新宫村
	以奖代补	密云县密云镇
		密云县石城镇
		密云县高岭镇
		延庆县八达岭镇
		延庆县大榆树镇
2009	以奖促治	顺义区赵全营镇北郎中村
		顺义区北小营镇后鲁村
		密云县冯家峪镇西庄子村
		延庆县康庄镇马营村
		怀柔区宝山镇杨树下村
	以奖代补	丰台区王佐镇
		朝阳区南磨房乡
		密云县河南寨镇
		密云县东邵渠镇
		密云县西田各庄镇
		延庆县大庄科乡
		延庆县张山营镇
		延庆县刘斌堡乡
		延庆县延庆镇
		房山区窦店镇

年份	类型	村镇名称
2009	以奖代补	昌平区小汤山镇
		顺义区南法信镇
		怀柔区汤河口镇
		怀柔区渤海镇
		大兴区黄村镇
2010	以奖促治	门头沟区斋堂镇西斋堂村
		怀柔区琉璃庙镇双文铺村
		密云县高岭镇石匣村
		平谷区熊儿寨乡老泉口村
	以奖代补	门头沟区潭柘寺镇
		昌平区回龙观镇
		昌平区北七家镇
		海淀区温泉镇
		房山区长沟镇
2011	以奖促治	延庆县沈家营镇马匹营村等 6 村
		房山区琉璃河镇祖村
		怀柔区桥梓镇前桥梓村等 2 村
		平谷区黄松峪乡塔洼村
2012	以奖促治	房山区琉璃河镇务滋村
		房山区周口店镇瓦井村
		房山区十渡镇东太平村
		延庆县井庄镇柳沟村
		延庆县延庆镇王泉营村
		顺义区北务镇小珠宝、马庄、东地、珠宝屯、闫家渠、庄子、于地、南辛庄户、仓上、王各庄、道口、林上、郭家务、陈辛庄、北务等 15 个村
		密云县穆家峪镇碱厂村
		平谷区王辛庄镇太平庄村
		平谷区镇罗营镇张家台村
		平谷区金海湖镇郭家屯村
		平谷区黄松峪乡大东沟村
		平谷区黄松峪乡黑豆峪村
		平谷区黄松峪乡白云寺村

年份	类型	村镇名称
2013	以奖促治	房山区十渡镇西石门村
		房山区史家营乡金鸡台村
		平谷区大华山镇陈庄子村
		平谷区金海湖镇海子村
		平谷区黄松峪乡梨树沟村、雕窝村、黄松峪村等3村
		平谷区大兴庄镇西柏店村
		平谷区东高村镇南宅村
		延庆县康庄镇刘浩营村
		延庆县井庄镇东小营村
		延庆县旧县镇古城村
		延庆县珍珠泉乡珍珠泉村
	以奖代补	平谷区镇罗营镇
		密云县冯家峪镇
		怀柔区喇叭沟门乡

（二）典型案例

1. 顺义区赵全营镇北郎中村环境综合整治

项目主要目标是保障村民安全饮水。主要内容包括水系治理工程、绿化工程、进排水闸口工程和与方氏渠连接工程等。项目通过彻底清理坑塘水系内沉积的粪便并进行连通，形成20万 m^3 的水资源存储能力，不仅避免因污水下渗对村民饮水造成不利影响，保证了北郎中村 1 526人的饮用水安全，还营造出优美的水系景观，提高了村庄水系的行洪能力、保障村庄安全，减轻了污水对方氏渠产生的环境影响，促进北运河整体环境的改善。良好的村域环境，在提高村民生活质量的同时，也提升了对外部的吸引力，促进经济发展。

2. 延庆县康庄镇马营村环境综合整治

项目主要目标是解决村内生活污水和养殖废水污染问题。项目内容主要包括建设日处理150 t污水处理站1座，容量2 000 m^3 集雨池1处，配套建设污水收集和水处理循环使用管道 2 800 m，并进行绿化美化改造。项目的实施，使本村及周边许家营、张老营、太平庄及马坊四个村的生活污水和养殖废水得到有效处置，直接产生年削减 COD 10.2 t、氨氮 1.3 t 的减排效益，解决了水源保护区内生活污染问题，改善了村庄环境质量，带动了村庄旅游业发展，培养了村民环保意识。

第五节　乡镇企业污染防治

一、乡镇企业发展概况

（一）乡镇企业发展历程

北京的乡镇工业是在农业合作化以后逐步发展起来的，并随着农村集体经济的发展和不断壮大，逐渐形成一个体系。北京郊区在 1949 年至 1957 年这段时间里，开始把分散在农村的铁木匠、泥瓦匠、农产品加工户、小手工业者、小商贩及其他一些能工巧匠组织在一起，从事农业生产以外的副业，当时是手工业生产。合作化中，手工业者组成了农业合作社的副业队，一些地方相继建立了手工业合作社和手工业联社。1958 年，北京郊区乡镇工业开始兴起。之后，郊区乡镇工业的发展经历了一个艰难曲折的过程，时起时落，发展缓慢。它的发展主要是出于农业生产和实现农业机械化以及城市工业的需要，基本上处于自发的、缓慢的、艰难的起步阶段。1978 年后，转入了持续高速发展阶段，1978 年年底，郊区农村社队企业总收入已达 7.88 亿元，占当年人民公社三级总收入的 41.9%。

1978—1989 年是乡镇工业的大发展时期。党的十一届三中全会的召开，确定了实事求实的思想路线，实行对外开放、对内搞活的方针。党中央、国务院不仅充分肯定了乡镇企业在国民经济中的地位和作用，而且制定了一系列发展乡镇企业的方针和政策，为乡镇企业的大发展创造了良好的政策环境。这一时期，乡镇工业的规模和水平大大提高，城市工业产品、零部件和工艺性加工开始有计划、有步骤地向农村扩散。乡镇企业已经成为北京工业的第二战线，乡镇工业的发展进入了城乡统筹规划、广泛联合、互相支持、共同发展的新阶段。1989 年年底，郊区乡村工业企业完成总收入 108.87 亿元，工业总产值 127.44 亿元；工业企业 30 大行业产值都有不同程度的增长，其中纺织业、缝纫业、化学工业、建材制品业、金属制品业、机械工业等产值都超过 5 亿元。

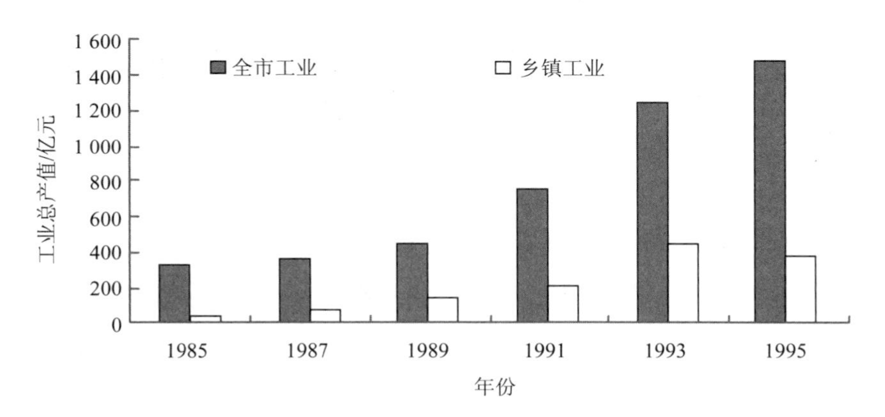

图 4-1 乡镇工业与全市工业的发展（以工业总产值计）

注：1985 年、1987 年、1989 年的乡及乡以上工业总产值为 1980 年不变价，其他均为现行价。

1989 年后，京郊乡镇工业转入了一个更为广阔、更有前途的发展时期。郊区乡镇企业认真贯彻执行党的改革开放政策，紧紧抓住邓小平同志“异军突起”和“南巡讲话”两次黄金机遇，自身获得了较大发展，乡镇工业改革力度不断加大，开放步伐进一步加快，主动适应日趋激烈的市场竞争，上规模上水平取得了较大进展。乡镇工业已成为北京郊区农村经济的重要支柱和郊区农民奔向小康的必经之路，为服务首都，农民致富和促进北京的社会经济发展作出了重要贡献。

（二）乡镇企业经济总量情况

截至1995年年底，全市共有乡村两级集体企业18 821个，职工人数95万人，占农村劳动力的58.1%，其中共有乡村两级工业企业11 262个、职工67.6万人。乡镇企业总收入532亿元，固定资产193.7亿元，分别比1989年增长2.7倍和2.5倍。农民人均纯收入净增部分的60%来自于乡镇企业，农村集体经济收入的94.2%来自于乡镇企业，农村国民生产总值的40%来自于乡镇企业。注入农业的支农、补农、建农资金和支援农村各项社会事业建设资金近2亿元。1995年，京郊乡镇工业企业总收入382亿元，工业总产值371.4亿元，固定资产140.8亿元，分别比1989年增加2倍、1.9倍和2.3倍。乡镇工业总产值占地方工业总产值的比重达24%；营业收入超亿元的企业有18家，0.5亿～1亿元的企业55家；收入5 000万元、利税300万元以上的企业集团29家。郊区乡镇企业的单体规模大幅度提高，平均拥有固定资产由20.2万元提高到92万元，平均实现收入由46.3万元提高到306万元，分别增长了3.5倍和5.5倍，企业抗风险能力显著增强。

（三）乡镇企业产业与行业结构

京郊乡镇工业在发展过程中，坚持以市场为导向，不断调整产业、产品结构，逐步淘汰高物耗、低效益的产品和企业，努力发展“三高”（高科技含量、高附加值、高效益）、“二低”（低物耗、低能耗）的产品和产业。京郊乡镇工业企业已形成了以机电、新型建材、服装等行业为主的门类齐全的产业体系。

1995年乡镇工业生产的主要产品是：原煤产量为506万t，占全市51.1%；棉布11 101万m，占全市65.7%；砖50.5亿块，占全市88.6%；沙石、沙料等地材产品占80%左右，水泥预制构件91万m^2，约占70%。部分行业在全市同行业中占有重要地位，截至1995年年底，非金属矿采选业的工业总产值为 44 961 万元，占全市同行业的 90.9%；金属制品业的工业总产值为 400 438 万元，占全市同行业的 73%；服装及其他纤维制品制造业工业总产值为 418 574 万元，占全市同行业的 67.8%；家具制造业工业总产值为 104 145 万元，占全市同行业的 60.9%；黑色金属矿采选业工业总产值为 12 938 万元，占全市同行业的 55%；造纸及纸制品业工业总产值为 116 587 万元，占全市同行业的 53%；有色金属冶炼及压延加工业工业总产值为 78 873 万元，占全市同行业的 52.6%；非金属矿物制品业工业总产值为 300 868 万元，占全市同行业的 41.6%；纺织业工业总产值为 237 033 万元，占全市同行业的 36%；塑料制品业工业总产值为 89 972 万元，占全市同行业的 34.6%；煤炭采选业工业总产值为 35 796 万元，占全市同行业的 33.7%；印刷业、记录媒介的复制工业总产值为 87 243 万元，占全市同行业的 30%；文教体育用品制造业工业总产值为 26 531 万元，占全市同行业的 28.4%；皮革、毛皮、羽绒及其制品业工业总产值为 25 785 万元，占全市同行业的 23.8%。

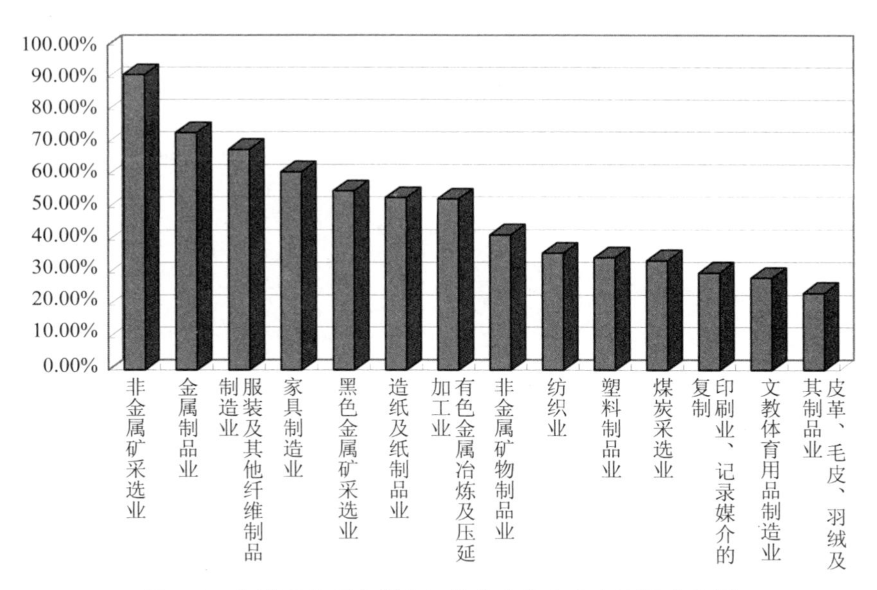

图 4-2　乡镇工业部分行业工业总产值占全市同行业比例

（四）区县乡镇工业特点及分布

主要行业分布。采煤、建材采选业主要分布在门头沟、房山、怀柔、密云等区县；建材制品业分布在房山、昌平、密云、顺义、平谷、丰台、大兴等区县；化工行业分布在大兴、房山、通州、朝阳等区县；纺织及服装行业分布在顺义、平谷、密云、大兴、通州等区县；机械工业及金属制品业分布在海淀、丰台、大兴、顺义、通州、朝阳、昌平、密云等区县。从行业分布看，采煤和采掘业（矿山）相对集中在4个区县，建材制品分布在7个区县，机械工业及金属制品业分布在8个区县（图4-3）。

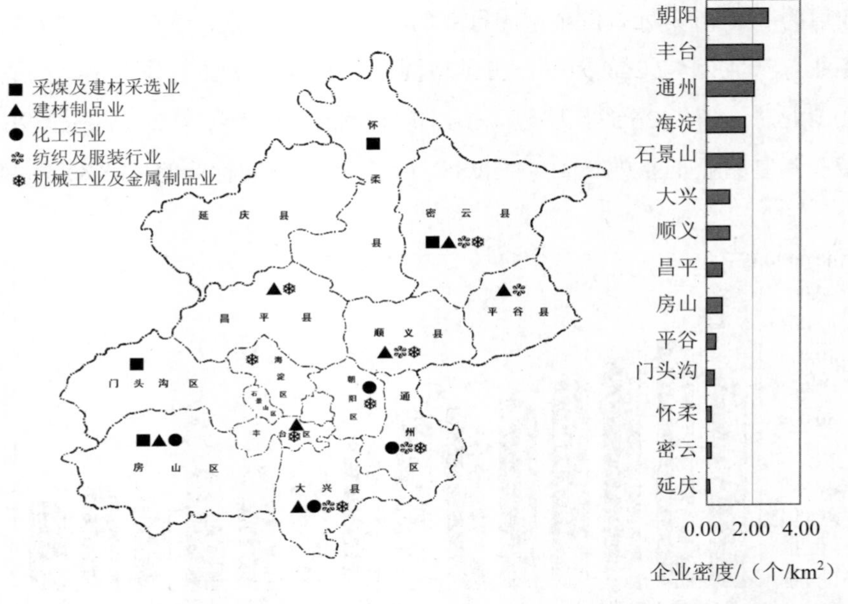

图4-3　部分行业主要分布区县图　　　图4-4　各区县企业密度图

企业分布。1995年北京郊区村以上乡镇工业企业共计11 262个，分布在14个县区。由于在发展初期受地理和社会经济条件的制约，缺乏统一的布局规划，一度形成遍地开花的局面，乡镇工业企业在14个县区的分布密度(现有企业每平方千米的个数)是：朝阳 2.66、丰台 2.46、通州 2.05、海淀 1.64、石景山 1.62、大兴 1.04、顺义 1、昌平 0.69、房山 0.68、平谷 0.44、门头沟 0.33、怀柔 0.22、密云 0.2、延庆 0.15（图 4-4）。从各区县分布密度可以看出，环城区大于平原，平原大于山区，在很大程度上反映了区域的经济状况。

二、乡镇工业污染源调查

（一）调查背景

乡镇工业企业的发展，无疑给北京市的经济建设增添了活力、给农村经济发展带来了生机。但是，由于发展不平衡，缺乏合理规划布局，尤其是发展了一批污染较为严重的行业，加之管理水平低下，致使环境污染明显增加，给环境带来较大的负担，同时也成为制约经济可持续发展的重要因素。虽然在 1989 年开展过乡镇工业主要污染行业污染源调查，但当时的资料成果已不能反映 20 世纪 90 年代中期乡镇工业企业环境污染状况。1996 年，国家环境保护局、农业部、财政部、国家统计局联合印发通知，要求在全国开展乡镇工业污染源调查。为此，1996 年，北京市环保局、乡镇企业局、财政局、统计局联合组织开展了北京市第二次乡镇工业污染源调查。

调查目的：通过本次调查，查清乡镇工业主要污染源、污染物排放数量，以及在各区域、主要流域、行业分布情况；掌握乡镇工业总体污染情况；掌握乡镇工业环境管理及污染治理现状；通过对比分析，评价当前乡镇工业污染程度并预测发展趋势；建立乡镇工业环境统计指标体系和污染源动态统计数据库，以及信息查询系统；确定乡镇工业重点污染源、重点污染行业和重点污染地区。

（二）调查要素

本次调查对象为北京市境内（除东城、西城、崇文、宣武四个城区）所有有污染的乡镇工业企业（包括乡级、村级、村以下和“三资”）。北京市汇总的乡镇工业总产值覆盖率不低于80%。

调查基准年为1995年，根据工作需要，1996年的数据一并调查。1996年关、停、并、转、迁的企业也在调查统计范围内。

本次调查的主要内容涉及企业基本情况、污染物排放情况、污染损失及生态破坏情况和环境管理情况。

调查方法根据《全国乡镇工业污染源调查技术规范》，参照《乡镇工业污染物排放系数（试行）》及《北京市乡镇工业污染源调查工作指南》进行调查。企业基本情况以该企业上报数字为准；主要污染物排放量由区县污染源调查办公室（以下简称“污调办”）调查人员指导企业填写，辅以实测、物料衡算等方法；一般污染源排放量由调查人员运用排污系数估算；重点污染源的排污情况和污染治理及环境管理情况由环保部门核实填报。

调查工作自1997年1月启动，至12月结束，分准备、培训、调查、汇总和总结5个阶段进行。

（三）调查保证体系

1．组织保证体系

落实机构。根据调查工作的需要，北京市建立了以市调查领导小组为龙头，以市、区县两级调查办公室为主要组织者，以乡镇政府领导下的农工商公司、街乡环保员、统计员为主要实施者的组织体系（图4-5）。

建立日常制度。各级调查办公室都制定了相应的日常制度。市污调办建立了分片管理与定期指导制度、定期例会制度和定期简报制度。

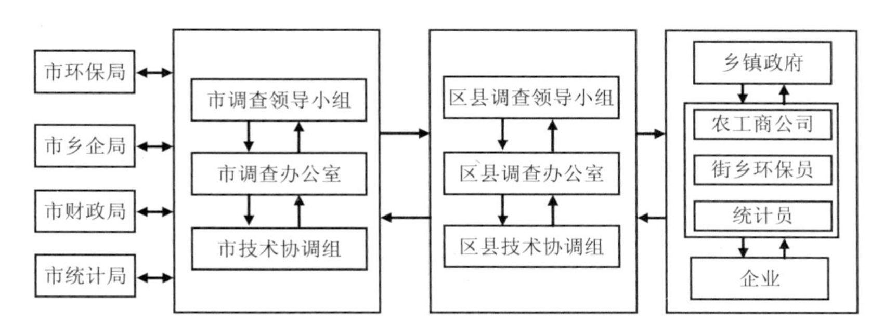

图 4-5 北京市乡镇工业污染源调查组织机构示意图

2．技术保障体系

技术力量保障。各级污调办及其技术协调组是从各有关部门抽调有经验、有能力、有责任心的人员共同组成的，包括乡镇企业、统计和环保部门的技术骨干，为本次调查提供了强有力的技术支持。

市技术协调组编制了《北京市乡镇工业污染源调查工作指南》。在调查期间，市、区县两级共组织培训 139 次，4 421 人参加了培训，确保各级调查工作人员领会技术要求，掌握调查技术方法。数据的汇总与审核工作集中在市污调办进行，通过审核后的数据以软盘形式下发各区县，解决区县级计算机水平不平衡的问题。

3．调查质量保证体系

调查质量直接关系到本次调查结果的可信度，同时关系到调查工作的成效。为此，本次调查设立了完善的质量保证体系，对质量问题紧抓不放。从培训、质量自查抽查、数据录入汇总、后期数据审核各个环节建立质量保证制度，形成效率高效的工作体系。

（四）调查数据处理与结果分析

本次调查的软件系统采用 FOXPRO2.5 FOR DOS 和 FOR Windows 支持下的县级、省级软件。北京市通过此软件进行了数据录入和区县、行业及大流域数据的汇总，同时利用北京市的 10 位流域码和乡级代码，通过 FOXPRO 数据库语言进行了乡级和小流域的数据汇总。采用污染负荷法进行了废水、废气的重点污染源、重点污染区县、重点污染行业和重点污染流域的筛选。

调查的结果从区域、行业、流域三个角度进行了分析，主要分析了废水、废气、固体废物、生态破坏与环境管理几方面的内容，提出了相应的污染防治对策和建议。

（五）调查档案管理

各区县的调查基表、各类汇总表和数据库软盘，全市各种汇总表、数据库软盘，区县、市两级工作报告和技术报告以及其他文件和资料等作为档案资料管理，为环境管理提供全面的本底资料，并为下次开展污调工作提供借鉴。

（六）调查结果简介

本次调查形成的主要成果包括：乡镇工业污染源调查工作报告、乡镇工业污染源调查技术报告、乡镇工业重点污染源名录库、乡镇工业污染源调查数据集与图集、乡镇工业污染源动态管理软件与信息查询系统等。

1. 总体情况

此次调查共涉及 39 个大行业 7 000 多家乡镇企业 1995—1996 年的污染物排放情况。调查结果表明，乡镇工业企业造成的污染较为分散，污染物排放量较大的企业所占比例相对较少，但污染物排放总量不容忽视，已成为全市环境污染的重要来源之一。废水污染以有机污染为主，重金属污染物排放量较高；废气污染以工业粉尘最为严重，污染相对集中于房山区和非金属矿物制品业；固体废物产生的区域和行业也相对集中，综合利用率较低。

调查的乡镇工业污染物排放量占全市工业比例较大的有：六价铬

89.37%，工业粉尘 68.99%，烟尘 43.48%，汞 40.71%，悬浮物 37.06%，化学需氧量 34.13%。

评价结果显示，废水重点污染物为化学需氧量；重点污染源为大兴造纸厂等 52 家企业，造纸厂比例最大；重点污染区县为房山、大兴、顺义、昌平、通州、怀柔和海淀；重点污染河流为北运河水系温榆河（方氏渠）等 19 条；重点污染行业为造纸及纸制品业、食品制造业、纺织业、化学原料及化学制品制造业。废气重点污染物为工业粉尘和烟尘；重点污染源为房山区强力水泥厂等 35 家企业，水泥、砖瓦和石灰厂居多；重点污染区县为房山、丰台、顺义、密云、昌平和朝阳；重点污染行业为非金属矿物制品业。

表 4-5 企业基本情况

指标名称	计量单位	1995 年	1996 年	占全市工业比例/%
1. 企业个数	个	7 292	7 635	86.60
2. 年末职工总数	人	472 327	469 774	—
其中：专职环保人员数	人	1 992	2 102	—
3. 企业工业总产值（现行价）	万元	3 047 556.6	2 915 297.7	—
4. 年末固定资产原值	万元	1 220 533.5	1 377 764.5	—
5. 工业用水总量	万 t	5 843.32	5 453.53	—
其中：新鲜水用量	万 t	4 650.52	4 218.84	6.51
6. 能源消费量				
燃料煤消费量	万 t	221.57	226.02	21.11
燃料油消费量	万 t	0.32	0.31	—
电消费量	万 kW·h	123 667.47	130 974.90	—
7. 原料煤消费量	万 t	43.10	45.92	6.30

表 4-6 工业锅炉和炉窑

指标名称	计量单位	1995 年	1996 年	占全市工业比例/%
1. 工业锅炉总数	台	1 974	2 054	36.63
其中：烟尘排放达标的	台	1 752	1 828	38.02
2. 工业锅炉蒸吨总数	蒸吨	3 735	3 863	10.84
其中：烟尘排放达标的	蒸吨	3 424	3 542	17.66
3. 工业炉窑总数	台	1 483	1 520	58.43
其中：烟尘排放达标的	台	362	391	31.26

表 4-7 废水治理设施及投资

指标名称	计量单位	1995 年	1996 年	占全市工业比例/%
1. 废水治理设施总数	台（套）	277	310	27.81
其中：正常运行的	台（套）	250	276	28.25
2. 废水治理设施总投资	万元	3 772.96	4 333.36	3.20

表 4-8 排污费及污染赔、罚款

指标名称	计量单位	1995 年	1996 年	占全市工业比例/%
1. 交纳排污费总额	万元	255.79	297.90	—
2. 污染事故赔款总额	万元	0.43	0.70	—
3. 污染事故罚款总额	万元	0.20	11.09	—

表 4-9 工业废水排放情况

指标名称	计量单位	1995 年	1996 年	占全市工业比例/%
1. 工业废水排放总量	万 t	3 132.96	2 946.67	7.81
2. 工业废水处理总量	万 t	1 487.30	1 350.99	1.98
3. 工业废水中污染物排放总量				
汞	t	0.010 3	0.009 4	40.71
镉	t	0.000 0	0.000 0	0.00
总铬	t	17.962 6	11.815 0	—
其中：六价铬	t	6.613 8	7.641 9	89.37
铅	t	0.205 0	0.203 3	21.97
砷	t	0.000 0	0.000 0	0.00

指标名称	计量单位	1995 年	1996 年	占全市工业比例/%
挥发酚	t	0.930 3	0.794 1	4.06
氰化物	t	1.005 2	0.860 2	12.45
石油类	t	2.828 7	2.060 0	0.21
化学需氧量	万 t	3.79	3.33	34.13
悬浮物	万 t	2.09	1.95	37.06

表 4-10　工业废气排放情况

指标名称	计量单位	1995 年	1996 年	占全市工业比例/%
1. 废气排放总量	亿标 m^3	283.00	290.15	8.86
2. 燃料燃烧过程废气排放量	亿标 m^3	205.91	210.71	10.97
3. 经过消烟除尘的燃料燃烧废气量	亿标 m^3	88.30	91.23	5.56
4. 生产工艺过程废气排放量	亿标 m^3	77.10	79.44	5.86
5. 经过净化处理的生产工艺废气量	亿标 m^3	8.52	8.17	0.77
6. 二氧化硫排放量	t	46 859.82	48 681.33	17.90
7. 烟尘排放量	t	95 770.17	99 579.88	43.48
8. 工业粉尘排放量	t	139 320.50	147 458.01	68.99
9. 氟化物排放量	t	1 359.42	1 502.06	—

表 4-11　工业固体废物排放情况

指标名称	计量单位	1995 年	1996 年	占全市工业比例/%
1. 工业固体废物产生总量	万 t	204.42	210.98	16.06
其中：危险废物产生总量	万 t	0.09	0.34	—
2. 工业固体废物综合利用总量	万 t	81.12	85.39	10.38
3. 工业固体废物排放总量	万 t	35.89	36.33	41.07
其中：危险废物排放总量	万 t	0.03	0.04	—

2．调查企业在各区县的分布

调查企业在房山区最多。水泥、造纸、电镀、印染、制革、屠宰和淀粉行业的分布见图 4-6。

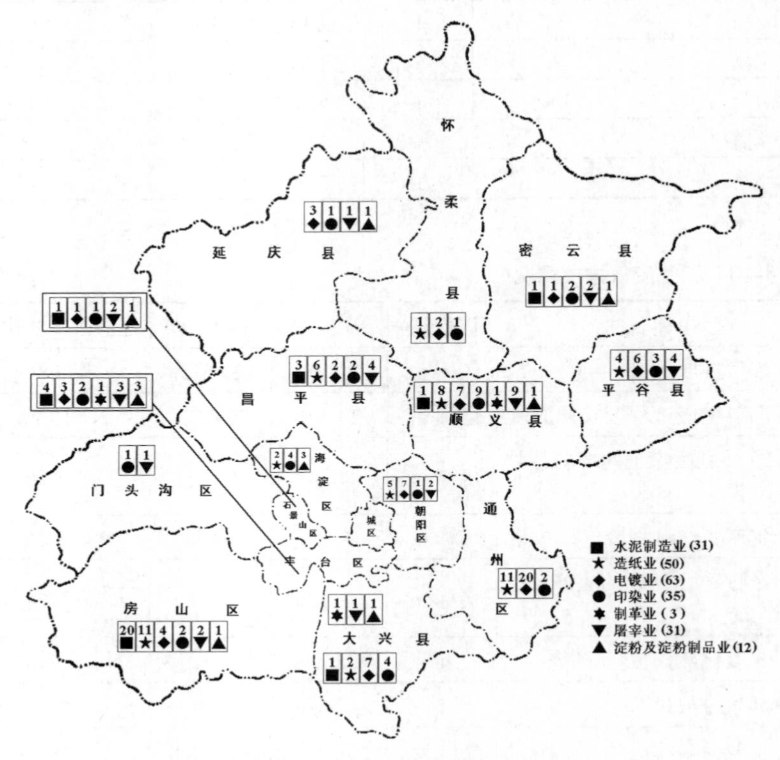

图 4-6 部分重点行业在各区县的分布

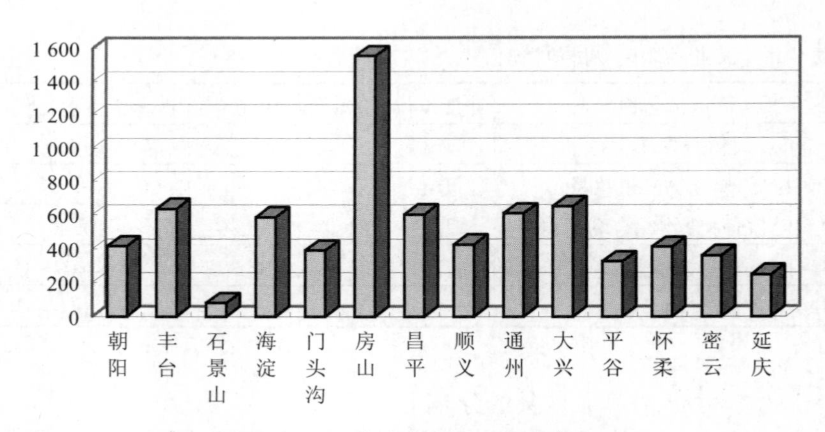

图 4-7 调查企业在区县的分布

3．调查企业的行业分布

按照《国民经济行业分类与代码》（GB/T 4754—94）的编码，调查企业分布于 39 个大行业。

表 4-12 调查企业的行业分布表

排序	行业	企业个数	排序	行业	企业个数
1	非金属矿物制品业	1 639	21	文教体育用品制造业	60
2	金属制品业	865	22	黑色金属冶炼及压延加工业	51
3	普通机械制造业	589	23	电子及通信设备制造业	46
4	化学原料及化学制品制造业	483	24	石油加工及炼焦业	42
5	交通运输设备制造业	368	25	皮革、毛皮、羽绒及其制品业	41
6	服装及其他纤维制品制造业	316	26	仪器仪表及文化办公用机械制造业	41
7	印刷业、记录媒介的复制	272	27	医药制造业	40
8	塑料制品业	251	28	有色金属冶炼及压延加工业	40
9	纺织业	236	29	橡胶制品业	30
10	电气机械及器材制造业	218	30	电力、蒸汽、热水的生产和供应业	16
11	造纸及纸制品业	211	31	化学纤维制造业	14
12	煤炭采选业	204	32	黑色金属矿采选业	14
13	家具制造业	193	33	其他行业	8
14	其他制造业	183	34	其他矿采选业	8
15	食品加工业	181	35	有色金属矿采选业	6
16	非金属矿采选业	166	36	装修装饰业	3
17	专用设备制造业	159	37	线路、管道和设备安装业	2
18	食品制造业	146	38	煤气生产和供应业	1
19	木材加工及竹、藤、棕、草制品业	78	39	土木工程建筑业	1
20	饮料制造业	70			

4．调查企业的性质分布

北京市的乡镇企业中，乡级和村级企业所占比例较高，本次调查村级企业数量最多，“三资”企业最少。

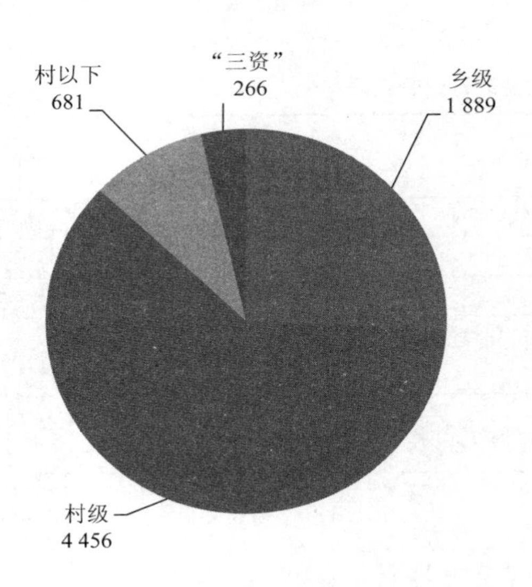

图 4-8　调查企业的性质分布

三、乡镇企业污染限期治理（“一控双达标”）

1996 年《国务院关于环境保护若干问题的决定》中确定 2000 年要实现的环保目标：一是各省、自治区、直辖市要使本辖区主要污染物的排放量控制在国家规定的排放总量指标内；二是全国所有的工业污染源要达到国家或地方规定的污染物排放标准；47 个环保重点城市的空气和地面水按功能区达到国家规定的环境质量标准。简称“一控双达标”。

1997 年，北京市按照《国务院关于环境保护若干问题的决定》和国家环保总局《关于 1999 年工业污染源达标排放工作安排的通知》精神，市政府成立了“一控双达标”工作领导小组，印发实施《关于进一步加强环境保护工作的决定》（以下简称《决定》)。《决定》中提出北京市要用 3 年时间，实现工业污染源达标排放，市属各局、总公司，各区县要按照比国务院要求的期限提前一年安排、制定为期 3 年的“433”工业污染源限期治理计划，即 1997 年 40%、1998 年 30%、1999 年 30%实现工业污染源达标排放目标。市属各局、总公司，各区县主管领导分别与市政府主管副市长签订按期完成限期治理任务的责任书。经核查，1997 年北京市共有工业排污企业 5 013 家，其中，区县属以下企业 4 212 家。在“一控双达标”工作中，乡镇企业纳入区县重点治理。

按照“双达标”标准，各区县政府分别向区县属和乡镇企业下达限期治理任务，共计 551 项。按照 3 年所有超标排放工业污染源限期治理达标规划，1998 年，各区县政府根据管理权限，对区县及乡镇 400 多个企业污染源制订了达标计划。1999 年，对区县属及乡镇 558 个企业下达了限期治理通知，加大乡镇企业限期治理力度。

到 2000 年 5 月底，全市 5 013 家有污染的工业企业中，4 975 家企业实现了达标，工业污染企业排放达标率为 99.2%。对不达标的 38 家企业，其中无环保设施或正在建设环保设施的 25 家给予停产治理处罚，环保设施仍在设备调试阶段的 13 家依法进行罚款处理，调试后仍不能达标的停产治理。1999 年与 1996 年相比，全市工业废水排放的化学需氧量、石油类分别减少了 56%和 46.7%，废气排放的烟尘、二氧化硫分别减少了 48.8%和 23.4%。

四、关停“十五小”“新六小”

“十五小”企业通常是指 1996 年《国务院关于加强环境保护若干问题的决定》中明令取缔关停的 15 种重污染小企业。作如下细分：

（1）小造纸。年产 5 000 t 以下造纸厂；年生产能力小于 1.7 万 t 的化学制浆生产线。

（2）小制革。年加工皮革 3 万张（折牛皮标张）以下的制革厂（注：2 张猪皮折 1 张牛皮、6 张羊皮折 1 张牛皮）。

（3）小染料。年产 500 t 以下的染料厂，包括 500 t 以下的染料生产企业、500 t 以下的染料中间体生产企业、染料和染料中间体总生产能力不超过 500 t 的企业。

（4）土炼焦。采用“坑式”、“萍乡式”、“天地罐”和“敞开式”等落后方式。

（5）土炼硫。土法，同炼焦。

（6）土炼砷。年产砷（或氧化砷制品含量）100 t 以下的土法（采用土坑炉或坩埚炉焙烧、简易冷凝设施收尘等落后方式炼制氧化砷或金属砷制品）生产企业。

（7）土炼汞。年产 10 t 以下的土法（采用土铁锅和土灶、蒸馏罐、坩埚炉及简易冷凝收尘设施等落后方式炼汞）生产企业。

（8）土炼铅锌。年产 2 000 t 以下的土法（采用土烧结盘、简易土高炉等落后方式炼铅，用土制横罐、马弗炉、马槽炉、小竖罐等进行焙烧，简易冷凝设施进行收尘等落后方式炼锌或氧化锌制品）生产企业。

（9）土炼油。未经国家审批、未经国务院批准，盲目建设的小炼油厂和土法炼油设施；未经国家正式批准，不具备炼油设计资格的设计单位设计的非法炼油装置；无合法资源配置，通过非法手段获得原油资源，造成石油资源浪费，产品质量低劣且污染环境，扰乱油品市场的炼油企业；生产过程不是在密闭系统的炼油装置中或属于釜式蒸馏的炼油企业；无任何环境保护措施和污染治理手段的炼油企业；不符合国家职业安全卫生标准的炼油企业。

（10）土选金。小混汞、溜槽、小氰化池、小堆浸等。

（11）小农药。无生产许可证、正规设计；土法（产品无一定结构成分，没有通过技术鉴定，没有产品技术标准，没有正常安全生产必需的厂房、设备和工艺操作标准，没有必要检测手段）小型农药原药生产或制剂加工企业。

（12）小电镀。含氰电镀；无正规设计、工艺落后，电镀废液不能或基本不能达标的电镀企业。

（13）土法生产石棉制品。采用手工生产石棉制品的企业。

（14）土法生产放射性制品。未经国家或行业主管部门批准列入规划、计划，未取得建设、运行和产品销售许可证，没有较完整的立项、可行性研究报告及经过国家或行业主管部门批准的环境影响报告书和“三同时”验收报告，没有健全的防护措施、监测计划和设施的炼铀等放射性产品生产企业。

（15）小漂染。年产 1 000 万 m 以下生产企业。所排废水每百米不大于 2.8 t。

经核查，北京市有界定范围内的企业 25 家，界定范围以外污染严重的企业 11 家。按行业分：造纸 8 家，制革 3 家，小化工 3 家，染料 2 家，选金 9 家，漂染 7 家，农药和电镀各 1 家，其他行业 2 家。截至 1996 年 9 月 30 日，北京市 36 家“十五小”企业全部关停。关停后可减少废水排放量 165.64 万 t，削减化学需氧量 2 300 t。

1997 年 1 月 16 日，市环保局根据国家环保局《关于贯彻〈国务院关于环境保护若干问题的决定〉有关问题的通知》（环法〔1996〕734 号），结合北京市污染企业的具体情况，向各区县环保局印发《关于取缔、关停“十五小”界定问题的补充通知》。各区县都成立了由人大、政协和有关委、办、局组成的检查组，组织对重点污染企业进行检查，特别是对 1996 年关停的“十五小”企业逐个检查，防止“死灰复燃”。1997 年 9 月 29 日，市环保局向国家环保局报送了《关于北京市取缔、关停“十五小”企业情况的分析报告》。

1998 年 6 月 15 日，市环保局、市监察局、市乡镇企业局联合印发《关于认真做好北京市 1998 年取缔、关闭和停产 15 种污染严重企业工作的通知》，要求各有关区县对辖区已关停、漏网的“十五小”及应淘汰工艺与设备的企业进行全面自查。6 月 23—30 日，市环保局、市监察局和市乡镇企业局组成专项联合检查组，对有关停任务的 13 个区县进行了检查。1996 年北京市关停“十五小”企业 36 个，其中转产 18 家，技术改造 2 家，转租 9 家，取缔停产 7 家，未发现“死灰复燃”现象。

1999 年秋，中央召开了十五届四中全会，明确强调：要对浪费资源、技术落后、质量低劣、污染严重的小煤矿、小炼油、小水泥、小玻璃、小火电即“五小”企业坚决地实行破产关闭。加上国家经贸委限期淘汰与关闭的破坏资源、污染环境、产品质量低劣、技术装备落后、不符合安全生产条件的小企业，统称“新六小”企业。按照中央部署，1999 年 8 月 17 日，市政府办公厅转发市建委、市经委、市计委、市环保局、市技术监督局《关于本市淘汰落后小玻璃厂小水泥厂实施意见》。1999 年年底，本市淘汰小立窑水泥生产线 22 条，压缩生产能力 100 万 t，淘汰“小平拉”玻璃生产线 25 条。

第五章　生态示范创建

第一节　总体情况

北京市生态示范创建工作包括两大部分：一是按照国家环境保护主管部门规定，组织开展国家级生态建设示范工作，包括组织开展生态区县、环保模范城区、国家级生态乡镇、国家级生态村创建工作；二是北京市开展的“北京郊区环境优美乡镇”“北京郊区生态文明村”创建活动。

一、国家层面

1995 年，原国家环境保护局组织开展“生态示范区”建设试点活动，首次提出以县为基本单位，开展区域经济社会可持续发展的有益探索。

2002—2010 年，相继提出并组织开展了生态省、生态市、生态县、全国环境优美乡镇（2002 年试行，2010 年更名为国家级生态乡镇）、国家级生态村（2006 年试行）建设活动，在指标体系上延续了生态示范区将社会、经济、环境统筹考虑、综合体现的做法。

2012 年 4 月，环境保护部将生态省、生态市、生态县（市、区）、生态乡镇、生态村和生态工业园区统称为“国家生态建设示范区”，并制定了管理规程和技术资料审核规范。2012 年年底，环境保护部与国家旅游局联合开展"国家生态旅游示范区"建设。

2013 年 5 月、2014 年 1 月，环境保护部先后出台《国家生态文明建设试点示范区指标（试行）》《国家生态文明建设示范村镇指标（试行）》，积极推动生态文明建设。

1996 年 2 月，平谷县、延庆县被原国家环保局列为首批国家级生态示范区（县）建设试点，拉开了北京市生态创建工作的序幕。

1999 年，延庆县生态示范县通过国家环境保护总局的验收，2000 年成为国家命名的首批 17 个生态示范区之一。2001—2004 年，密云县、大兴区、怀柔区、朝阳区、丰台区先后成为全国生态示范区建设试点。2003 年，昌平区小汤山镇被评为全国环境优美乡镇，成为全国首批命名的 14 个环境优美乡镇之一。

2008 年，密云县、延庆县获得生态县命名，成为我国北方地区第一批获得国家生态县命名的县。2008 年、2009 年，密云县、延庆县先后被环境保护部确定为生态文明建设试点地区。2010 年，顺义区北郎中村、怀柔区北沟村获得"国家级生态村"命名。

截至 2013 年年底，北京市已有"国家生态县"2 个、"国家级生态示范区"11 个、"国家级生态乡镇（含全国环境优美乡镇）"91 个、"国家级生态村"2 个、"北京郊区环境优美乡镇"141 个、"北京郊区生态村"2 001 个。

二、北京市层面

2004 年，市政府提出创建北京市环境优美乡镇和生态文明村，在市政府第十阶段控制大气污染措施任务中，明确了"市农委和市环保局等部门要会同有关区县政府组织创建 10 个环境优美乡镇和 50 个生态文明村"的工作任务。2004 年，市农委、市环保局、市财政局组成市创建工作领导小组，负责创建工作的部署和指导。市农委、市环保局制定《关于创建北京郊区环境优美乡镇的有关规定》和《关于创建北京郊区生态文明村的有关规定》，明确创建北京郊区环境优美乡镇、北京郊区生态文明村的申报条件、指标体系以及工作程序。

从 2004 年开始，北京郊区环境优美乡镇、生态村建设一直列入市政府第十一、十二、十三、十四阶段大气污染控制措施及市政府折子、市政府实事或新农村建设折子工程之中。

截至 2013 年年底，共创建“北京郊区环境优美乡镇”141 个、“北京郊区生态村”（2006 年“生态文明村”更名为“文明生态村”，2008 年更名为生态村）2001 个。

从 2014 年开始，生态创建工作重心转为以复查、整改为主要手段，巩固已有创建成果。

三、工作成效

（一）生态环境治理成效

通过推进创建工作，一是获得命名的区县、镇村编制了环境规划或环境方案，科学系统安排各项环境保护工程，统筹推动地区发展、社会进步和环境保护；二是通过形式灵活、内容丰富、体裁多样的创建活动，进一步改观区域整体形象；三是实施重点环境整治工程、镇村街道硬化、村庄净化和美化、自来水改造、垃圾清运、公厕建设、户厕改造等，居住环境得到较大改善；四是创建区县、镇村群众环境意识不断增强，改善自身生活环境质量的愿望明显增强，爱护环境的自觉性不断提高；五是良好的生态环境为招商引资注入了新的活力，推动郊区经济发展。

（二）制度建设不断完善

在组织管理方面，市农委、市环保局、市财政局组成市创建工作领导小组，负责创建工作的部署和指导。区县相应成立创建工作领导小组，配合市领导小组，做好宣传、组织和评选，并协调、指导本辖区内乡镇、村创建工作。创建单位成立由主要领导牵头的创建机构。

在制度保障方面，2004 年，市农委、市环保局制定《关于创建北京郊区环境优美乡镇的有关规定》和《关于创建北京郊区生态文明村的有关规定》，明确创建北京郊区环境优美乡镇、北京郊区生态文明村的申报条件、指标体系，以及申报、验收、公示、审批、命名等工作程序；2006 年，印发补充通知，将原“生态文明村”更名为“文明生态村”（与国家保持一致），并明确由各区县环保局组织开展环境优美乡镇规划专家论证工作，经区县政府同意后，报市创建工作领导小组备案，进一步规范了创建工作。2008 年 12 月，市新农办、市环保局、市财政局联合印发《关于开展生态示范创建工作　进一步推进全市生态环境建设的指导意见》，对市级环境优美乡镇和生态村的建设指标进行了修订，进一步明确了生态示范建设的工作程序，并提出具体建设目标：到 2020 年郊区 50%的区县争取创建成为国家级生态区（县），50%的乡镇创建为国家级环境优美乡镇，80%的乡镇创建为市级环境优美乡镇，20%的村庄创建成为国家级生态村，60%的村庄创建成为市级生态村。

在鼓励政策方面，2004—2008 年，按照《北京郊区“环境优美乡镇”和“生态文明村”创建补助资金管理办法》，对获得命名的村、镇（乡）实行“以奖代补”，补助资金主要用于编制环境规划、开展环保宣传教育、实施环境保护和生态建设项目、考核指标监测、生态现状调研等。2008 年 12 月，根据《关于开展生态示范创建工作　进一步推进全市生态环境建设的指导意见》，明确从 2009 年开始，以村镇污水处理率、水环境质量、大气环境质量、林木绿化率等四项指标的完成情况为要素，加大对区县“生态县（区）”“环境优美乡镇”“生态村”创建的转移支付力度，将生态创建资金纳入财政资金支持体制之中，建立生态创建要素补贴的长效机制。实行生态示范创建奖励机制，凡获得生态县（区）、环境保护模范城区命名的，市政府将一次性地给予创建奖励资金 2 000 万元。同年 12 月，市政府印发《关于对密云县、延庆县创建成为国家生态县进行奖励的决定》，对获得生态县命名的密云县、延庆县每县给予一次性创建资金奖励各 2 000 万元，极大地调动了各区创建的积极性。

第二节　生态示范区

1995 年，基于实施可持续发展战略的需要和适应全国环境保护形势，特别是农村环境保护形势的需要，在学习和借鉴国外经验的基础上，国家环境保护局在全国开展生态示范区建设试点工作。

同年，明确生态示范区指标体系和建设标准，主要包括四项基本条件，以及社会经济发展、区域生态环境保护、农村环境保护、城镇环境保护等四大类 26 项指标。发布《全国生态示范区建设规划纲要》，提出 2000 年以前树立一批区域生态建设与社会经济发展相协调的典型，2000 年以后在全国广大地区推广普及，逐步实现资源的永续利用和社会经济可持续发展的目标。

此后，全国各地试点全面铺开。到 2011 年，共命名七个批次 528 个国家级生态示范区。其中，北京市共有 11 个区（县）先后被命名为国家级生态示范区。

2010 年，环境保护部《关于进一步深化生态建设示范区工作的意见》提出，1995 年原国家环境保护局组织开展的“生态示范区”建设指标将由各地根据各自实际，转化为地方标准，环境保护部今后不再开展此项考评、命名工作。

表 5-1　北京市生态示范区建设试点名单

试点批次（年度）	区县
第一批试点（1996 年）	延庆县、平谷县
第六批试点（2001 年）	密云县

试点批次（年度）	区县
第七批试点（2002 年）	大兴区
第八批试点（2003 年）	怀柔区
第九批试点（2004 年）	朝阳区、丰台区

表 5-2　北京市生态示范区建设命名名单

第一批（2000 年）	延庆县
第二批（2002 年）	平谷区
第三批（2004 年）	密云县
第四批（2006 年）	朝阳区
第五批（2007 年）	海淀区、大兴区
第六批（2008 年）	门头沟区、怀柔区
第七批（2011 年）	顺义区、昌平区、通州区

第三节　生态区（县）

2003 年，原国家环境保护总局提出并组织实施“生态县、生态市、生态省”建设，制定了试行指标；2004 年编制印发了规划编制大纲；2005 年调整部分指标，印发考核程序、工作方案；2007 年印发《生态县、生态市、生态省建设指标（修订稿）》。

2008 年，密云县、延庆县获得生态县命名，成为中国北方地区第一批获得国家生态县命名的县。截至 2014 年，北京市创建“国家生态县”2 个，即密云县、延庆县，顺义区、昌平区、门头沟区、怀柔区、平谷区的生态区建设规划通过评审，有序推进生态区建设工作。

密云县、延庆县生态县建设各具特色，其共同点在于，两县的建设实践证明，生态县建设有利于转变经济发展方式，优化产业布局，加快经济结构调整，提高资源利用效率；有利于促进生产方式、生活方式和消费观念的转变，促进全社会建设生态文明；有利于改善生活环境，提高人民群众的生活质量和生活水平，为子孙后代提供良好的发展基础和永续利用的资源环境。

一、密云县生态县建设

密云县因密云水库而闻名，也因保护首都“生命之水”走上了一条独具特色的生态文明建设之路。继 2001 年密云县成为国家级生态示范区后，2008 年成功创建国家生态县，并被确定为全国第一批生态文明建设试点地区。密云县不断创新发展理念，完善政策机制，着力解决突出问题，坚持保水发展战略，推进生态文明建设。在保护中发展，在发展中保护，积极探索水源保护区管理的新思路。

（一）积极探索创新，不断完善水源保护区的发展思路

2008 年 5 月，密云县被确定为生态文明试点地区后，立足区域功能定位，坚持继承与创新，在认真总结以往工作经验和成果的基础上，紧跟新的形势，积极探索符合密云水源区的建设思路。

2008 年年底，提出“保护生态环境，发展生态经济，促进生态富民，建设生态文化，努力建设生态富裕和谐的全国生态文明示范区”的发展思路。同时号召全县人民继续弘扬“脚踏实地、同心创业、自觉奉献、勇于争先”的密云精神，为生态文明建设提供强大的精神动力。

2009 年，进一步丰富和完善以上思路，上升为“密云生态涵养发展区工作方略”，提出按照“人文北京、科技北京、绿色北京”的要求，尽快将密云的生态优势转化为发展优势，坚持“发展是第一要务，保水是第一责任，生态是第一资源”的理念，保护生态环境，发展生态经济，促进生态富民，前提是保护环境，核心是加快发展，根本是促进富民，立足好、突出快，集中精力抓发展，建设生态、富裕、和谐新密云。

2010 年，在研究制定密云县“十二五”规划过程中，提出了“三个走在前列”的奋斗目标，即：到“十二五”末，经济建设努力走在北京市五个生态涵养发展区前列，社会建设努力走在北京市郊区前列，生态建设努力走在全国前列。并根据国家提出的把休闲旅游产业培育成为国

民经济的战略性支柱产业和人民群众更加满意的现代服务业，以及结合北京建设中国特色世界城市的要求，立足县情，确立了“绿色国际休闲之都”的发展定位，努力建设以“绿色”为特征、以“国际”为水准、以高端重大旅游产业项目为支撑的休闲旅游目的地。

经过三年多的不断探索实践，逐步完善了生态文明建设的发展思路，即：按照“人文北京、科技北京、绿色北京”和把北京建设成中国特色世界城市的要求，大力弘扬北京精神和密云精神，以“密云生态涵养发展区工作方略”为指导，以“三个走在前列”为奋斗目标，以“绿色国际休闲之都”为发展定位，深入推进首都水源区建设。

（二）加强制度建设，完善水源保护建设的工作机制

水源保护涉及生产生活的各个领域，为实现经济、社会、环境、资源协调发展，不断创新工作机制，加强制度建设，为水源区建设提供制度保障。

（1）建立水库联合管理长效机制。2010 年，进一步强化联合执法工作机制，将县法制办和水库周边 7 个镇及在库区内有山场的 3 个镇纳入联合执法成员单位，并调整工作时间，春、夏、秋季法定节假日不间断，实现全年执法常态化。2010 年 12 月，制定《关于进一步加强密云水库及周边环境保护工作的意见》，成立由县委副书记、主管副县长任主任的“密云水库水协调委员会”，成员单位包括水库管理处、环保、规划、国土、公安、工商、旅游、水务、农业、法制办等部门和 7 个属地镇政府，负责水源保护工作的总体组织协调。

（2）加强一级保护区环境建设管理。密云县一级保护区内涉及 7 个乡镇、41 个行政村、57 个自然村。为解决一级保护区内农民生活污染，逐步完善了库区村庄生活垃圾“户分类、村收集、镇运输、县处理”的垃圾处理体系。一级区内 37 个行政村、48 个自然村建污水处理设施 73 座，设计日处理能力为 2 495 t，工艺为 MBR（膜生物反应器）、纯氧生

化、接触氧化，覆盖人口 26 242 人。

（3）推进环境政策体系建设。一是制定总体规划。2005 年编制了《生态县建设规划（2005—2020）》，在规划指导下有序推进生态县创建工作。2008 年被确定为生态文明建设试点地区后，制定《生态文明建设纲要》（以下简称《纲要》），作为指导全县生态文明建设的纲领性文件，明确了近期、中期、远期建设目标任务。2010 年年底，又将《纲要》纳入《密云县“十二五”经济社会发展规划》，形成了较完善的规划体系。二是出台专项规划。编制了经济、社会、生态建设专项规划，研究出台了《关于进一步加强环境保护工作的意见》，促进经济、社会、生态建设的科学发展。三是完善配套政策。制定实施《关于推进农村社会网格化管理工作的意见》《关于进一步加强密云水库及周边环境保护工作的意见》，2011 年、2012 年，先后制订、修订《农村基础设施运行与维护管理补助办法》，确定了垃圾、污水处理 7 个方面的补助范围和标准，对污水处理全年正常运转的镇村污水处理厂（站），按照实际运行费用的 80% 给予补助。2012 年 8 月，县政府又制定了《密云县村镇污水处理设施管理办法》等一系列配套文件，逐步完善了经济发展、社会管理、生态保护等方面的具体配套政策。

（三）深化生态建设与保护，不断提升生态涵养能力

密云被誉为北京最美的郊区、京郊最美的新城。县政府提出：谁破坏环境，谁就在破坏全县经济发展大局；谁破坏环境，谁就在侵害全县人民的利益；谁破坏环境，谁就在损害密云发展的未来。作为首都重要的生态涵养发展区和饮用水水源地，保护好水资源，建设首都北部坚实的生态屏障，关系首都发展大局。因此，密云县始终把保水放在突出位置，不断强化生态建设与保护，提升生态涵养能力。

（1）全面开展城乡环境综合整治。以城乡结合部、密云水库周边、公路沿线、旅游景区、镇村为重点，综合整治城乡环境。深入开展了以

市场秩序、交通秩序为重点的“五大秩序”专项行动，大力实施以“治理垃圾、治理污水、治理脏乱”和“绿化、美化、硬化、净化、亮化”为主要内容的“三治五化”工程，综合运用行政、法律、科技、群众等工作手段，开展了严厉打击盗采盗运矿产资源专项行动，私挖盗采等破坏生态环境的不法行为基本杜绝。自 2009 年以来，城乡环境质量一直处于全市前列。

（2）大力推进生态涵养恢复工程。在严厉打击盗采盗运矿产资源的同时，按照“生态治理、综合利用”工作思路，加快废弃矿点治理，2010—2012 年，累计投入资金 2.8 亿元，治理废弃、非法矿点近万亩。持续实施绿化造林、清洁小流域治理、河道治理、地貌恢复等生态工程，大力实施绿化美化提升工程，形成了良好的植被、水库、河流、绿色廊道景观生态系统，全县林木绿化率达到 66%，城市绿化覆盖率 43.45%，湿地面积 16.4 万亩、占北京市湿地总面积的 21.2%，2011 年生态质量评价在北京市名列第一。

（3）不断完善城乡垃圾污水处理体系。在全县农村和 25 个社区推行垃圾分类工作，建成 7 座垃圾中转站，逐步完善了“户分类、村收集、镇运输、县处理”的垃圾处理体系，实现了垃圾减量化和资源再利用。建立了县、镇、村三级污水处理体系，建成 232 座污水处理厂（站）；加强镇村污水处理设施运行监管，确保运营正常、排放达标。全县生活垃圾无害化处理率达到 93%，城镇生活污水集中处理率达 89%。垃圾污水处理体系的有效运行，不仅改善了城乡环境，而且有效保护了水源。

（4）积极探索生态环境的长效管护机制。整合管水员、护林员、矿管员、保洁员队伍，建立护水、护河、护山、护林、护地、护环境的“六护”长效机制，积极推行网格化管理，全县划分 6 000 多个网格，整合全县“六护”队伍 1.5 万人进入网格，定岗定责、一岗多责，生态环境管护实现了精细化、全覆盖，生态环境管理逐步趋向于制度化、常态化。

二、延庆县生态县建设

延庆县全面实施生态文明发展战略，以生态立县为引领，加强环境保护，提升环境质量，实现了经济社会与环境保护和谐发展。全县生态环境持续改善，先后荣获国家生态示范区、国家生态县、全国控制农村面源污染示范区等称号，是全国首个以整个行政区域通过 ISO 14001 环境管理体系认证的县。2011 年，延庆县空气质量优良天数比例居北京市第一，达到了 84.1%；全县主要河流、水库的水质常年保持在Ⅱ类水体以上。全县 15 个乡镇全部建成北京郊区环境优美乡镇，其中 13 个乡镇获得了“国家级生态乡镇（含全国环境优美乡镇）”称号。

（一）坚持量身定策，确立生态立县战略

延庆县地处北京市西北部，辖 11 镇 4 乡，常住人口 28.6 万人，地域总面积 1 993.75 km^2，三面环山一面临水，其中，山区面积占 72.8%，平原面积占 26.2%，水域面积占 1%，生态环境基础较好，是首都西北方向重要的生态屏障。

在首都总体功能定位中，延庆县被确定为首都的生态涵养发展区。延庆县全面分析自身区域特点和基础条件，积极贯彻落实科学发展观，从首都生态涵养发展区的功能定位出发，确立了“坚持生态立县，以生态建设为龙头统领经济社会发展”的战略。2009 年，延庆县研究制定了《延庆县生态文明建设三年行动纲要（2010—2012）》和涉及 70 项目标指标的生态文明建设指标体系，将环境保护战略思想进一步深化，环境保护战略地位进一步巩固。延庆县在编制规划、制定政策和做出重大经济决策的过程中，始终把生态环境目标和经济发展目标结合起来，统筹考虑、协调推进，先后出台了《保护母亲河行动纲要》《延庆生态县建设规划》《延庆生态产业区规划纲要》《延庆县循环经济发展规划》等，形成了一套比较完善的保护生态环境的政策体系。

（二）狠抓污染防治，全面保护生态环境

延庆县充分认识到保护生态资源是发展经济的前提条件，在县域经济建设过程中，严格执行生态保护优先的原则，狠抓污染防治。一是创新环境管理模式。建立了环保、发展改革、工商、规划、国土等部门联席评估制度，把好建设项目准入关口。对违规和“两高一资”项目设置“防火墙”，把执法服务延伸到审批之前，提前做好项目咨询和考察，同时做好审批之后的管理和服务，解决重审批轻监管的问题，促进环评和“三同时”的有效落实。二是加强大气污染防治。全面落实市政府阶段大气污染防治措施。在全市率先组织集中供暖改造，拆除了县城范围内22家的70台燃煤锅炉。建立环保、建委、城管大队等部门参与的联动机制，对扬尘污染实施联防联控。在全市率先开发使用了“车辆信息管理系统”和“进京机动车环保信息管理系统”，加大对在用机动车和外埠进京机动车的执法力度，黄标车淘汰率达到96%，居全市第一。三是全面推进节能减排。着力推进企业节能审计和合同能源管理，全面淘汰“三高”企业。积极推进新能源、可再生能源示范区和国家绿色能源示范县建设，全县新能源和可再生能源消耗比重达到22%。化学需氧量、二氧化硫分别以 52.68%、19.03%的削减率超额完成“十一五”减排任务。四是加大水环境保护力度。大力实施湿地保护、小流域治理、农村面源污染控制等一系列水环境治理工程，完成生态清洁小流域治理902 km^2。完成县城污水处理厂升级改造，雨污分流率达到 90%，县城生活污水集中处理率达到93.9%。西湖水体循环工程有序运行，河湖水环境不断改善。五是不断扩大林地湿地面积。实施了京津风沙源治理、四大生态景观走廊、新城滨河森林公园等绿化美化工程。2006年至2010年，新增林地13万亩，2010年林木绿化率达到73%，在全市名列前茅。建成了12个国家级、市县级自然保护区，保护区面积占县域面积的27%。湿地面积近100 km^2，占县域面积的5%。

（三）统筹城乡环保，打造园林生态县城

为理顺城乡环境管理机制，延庆县成立了城乡环境建设管理委员会，初步形成了统筹城乡的环境管理工作格局。一是着力打造生态园林城市。有序扩展城市规模，保护平缓开阔的城市天际轮廓线，打造山水相间、特色鲜明的园林城市风貌，在县城建成了 9 个生态公园。2010年，县城绿化覆盖率达 63.76%，人均公共绿地面积达到 46.55 m^2。完成县城住宅节能改造 30 万 m^2，在全市率先开展了纯电动出租车运营试点。二是深入推进农村环境保护。积极开展农村面源污染示范县建设，2006年通过了原国家环境保护总局阶段性验收。结合新农村建设，全面完成了新农村五项基础设施建设。积极推广太阳能、生物质能等清洁能源。全县安装使用太阳能灯 1.8 万盏；建成秸秆气化和沼气项目 40 处，高效节能吊炕 2.3 万余铺，太阳能浴室 66 座，集雨工程 14 处，完成粪污治理工程 15 处。三是大力实施生态惠民。积极开发生态环境管护、保洁等岗位，发挥城乡区县合作的作用，多渠道开发就业岗位。全县共有 2.4 万农民实现公益性生态就业。城镇登记失业率一直控制在 2.0%以内，就业指数连续三年位居生态涵养发展区首位，2010 年获得全国农村劳动力转移就业示范县称号。

（四）培育绿色产业，积极发展生态经济

延庆县坚持把生态环境保护、资源合理开发和经济社会协调发展有机结合起来，大力培育绿色产业，努力发展生态经济，实现产业发展和生态环境相互促进的良性循环。一是聚焦发展新能源环保产业。延庆县新能源环保产业已成为该县工业主导产业，占规模以上工业产值比重达24%。京能官厅风力发电场在奥运会前建成发电，每年为北京市输送 2.9 亿 kW·h“绿电”。“德青源”沼气发电项目被联合国开发计划署命名为“全球大型沼气发电示范工程”。京仪绿能、京能科技、浩华实业等一批

重点项目相继落户。八达岭经济开发区被命名为北京市新能源产业基地。二是积极培育都市型现代生态农业。积极发展生态农业，建设优质农副产品基地。“德青源”蛋鸡厂存栏350万只，居亚洲第一。“绿富隆”奥运蔬菜基地承担奥运期间核心区40%的蔬菜供应。“归原”牌有机奶是中国第一个有机奶产品。延庆葡萄多次获得全国金奖，延庆成功获得了2014年世界葡萄大会的举办权。截至2013年，全县有66家企业和基地（占北京市18.3%）的228个品种获得有机和有机转换认证，种植面积达到6万亩，占农业产值的15%。三是大力发展生态旅游。一流的生态环境为以旅游业为龙头的第三产业发展奠定了基础。依托良好的生态环境和特色的山区资源，积极发展百里山水画廊、四季花海等沟域经济；开展了自行车骑游、公路自行车赛、端午文化节等低碳文体活动。生态旅游业已成为延庆的支柱产业，并带动了生态型商业、服务业等的发展。

（五）传播生态理念，大力弘扬生态文化

加强生态文明建设离不开传播生态理念、弘扬生态文化。延庆县制定并实施了《群众性生态文明创建活动三年行动方案》，大力开展生态创建、环境教育、绿色消费，传播生态理念、弘扬生态文化。一是积极开展生态创建。全县县级生态文明户达到2.2万户；7家星级饭店荣获市“银叶级”绿色饭店称号；全县所有学校都建成县级生态文明校园；14个社区、9个景区成为绿色达标创建单位；44家企业取得ISO 14001环境管理体系认证。二是积极推进环境教育。将生态文明、环境保护等内容纳入各级领导干部培训课程，配发了《生态环境知识读本》；利用电视台、报纸、网络等媒体大力普及生态环保知识；组建了98支“生态文明志愿者服务队”。三是积极实施绿色政务。2011年政府绿色采购率达到44.9%，生态建设经费占财政支出比重达到25.5%；倡导绿色出行，把每年6月第三周的周六定为“绿色出行日”；设立“绿色餐饮宣

传员”，引导客人合理点餐、杜绝浪费，在全社会形成科学、健康、环保的消费观念和消费模式。

延庆县委明确了“十二五”时期延庆县要实现建设“绿色北京示范区”的总体目标，努力在三个方面做示范，一是在构建绿色产业体系上做示范。按照“高端、优质、低碳、环保”标准，全力打造“县景合一”的国际旅游休闲名区。大力发展有机循环农业、新能源环保产业、文化创意产业，积极推动一二三产业融合，提升产业综合效益，努力把生态优势转化为发展优势。二是在构建绿色生态环境体系上做示范。按照“生态、绿色、清洁、美观”标准，打造优美靓丽的山水园林大地景观，构建“山更绿、水更清、天更蓝”的绿色生态环境体系。三是在构建绿色消费体系上做示范。按照“生态文明、节约环保”理念，大力弘扬生态文明，推行绿色政务，倡导绿色商务，使绿色生活方式成为延庆县的显著特征。

第四节　生态乡镇

一、创建情况

生态乡镇（环境优美乡镇）是生态区（县）建设的基础和细胞工程，是农村环境保护与生态建设的有效载体和重要抓手。

按照 2010 年 6 月环境保护部制定印发的《国家级生态乡镇建设指标（试行）》规定，80%的行政村达到市级生态村标准，且获得市级环境优美乡镇命名 1 年以上的乡镇，可以申报国家级生态乡镇，80%以上乡镇是国家级生态乡镇的县，可以申报创建国家级生态县。为此，除执行国家规定外，北京市更加注重对北京郊区环境优美乡镇、生态村的建设，以夯实环境管理的基础。

表 5-3　北京市国家级生态乡镇（全国环境优美乡镇）名单

批次（文号）	朝阳	海淀	丰台	门头沟	房山	大兴	通州	顺义	昌平	平谷	密云	怀柔	延庆	总数
第一批（环发〔2003〕18 号）									小汤山镇					1
第二批（环发〔2004〕67 号）						庞各庄镇								1
第三批（环发〔2004〕177 号）			王佐镇		长沟镇			马坡镇				杨宋镇		4
第四批（环发〔2006〕16 号）						榆垡镇					太师屯镇	北房镇		3
第五批（环发〔2006〕79 号）														0
第六批（环发〔2007〕6 号）	高碑店乡 南磨房乡				窦店镇	黄村镇		李桥镇			溪翁庄镇	汤河口镇		7
第七批（环发〔2008〕21 号）								赵全营镇			密云镇 石城镇 河南寨镇 巨各庄镇 西田各庄镇 不老屯镇 十里堡镇 冯家峪镇 北庄镇 新城子镇 高岭镇 东邵渠镇	桥梓镇 渤海镇	千家店镇 旧县镇 大榆树镇 八达岭镇 四海镇 沈家营镇 张山营镇 刘斌堡乡 永宁镇 大庄科乡 延庆镇 康庄镇	27

批次（文号）	朝阳	海淀	丰台	门头沟	房山	大兴	通州	顺义	昌平	平谷	密云	怀柔	延庆	总数
第八批（环境保护部公告2010年第37号）		温泉镇		潭柘寺镇				仁和镇 南法信镇 牛栏山镇	北七家镇 回龙观镇		大城子镇 穆家峪镇 古北口镇	雁栖镇 庙城镇 琉璃庙镇	珍珠泉乡	14
第九批（环境保护部公告2011年第73号）		海淀乡 苏家坨镇		妙峰山镇 王平镇 雁翅镇 清水镇 斋堂镇				天竺镇 南彩镇 北务镇 杨镇 北石槽镇 高丽营镇						13
第十批（环境保护部公告2012年第75号）					十渡镇			北小营镇 后沙峪镇 李遂镇		黄松峪乡 镇罗营镇 平谷镇 山东庄镇 熊儿寨乡 峪口镇		宝山镇 长哨营乡 怀柔镇 喇叭沟门乡		14
第十一批（环境保护部公告2013年第22号）				龙泉镇					十三陵镇 阳坊镇	大华山镇 马昌营镇 马坊镇 王辛庄镇				7
合计	2	3	1	7	3	3	0	15	5	10	17	12	13	91

表 5-4　北京郊区环境优美乡镇名单

年份	朝阳	海淀	丰台	门头沟	房山	大兴	通州	顺义	昌平	平谷	密云	怀柔	延庆	总数
2004	来广营乡 高碑店乡	四季青镇	王佐镇	潭柘寺镇	长沟镇 窦店镇	庞各庄镇 榆垡镇		马坡镇 后沙峪镇	小汤山镇 回龙观镇	峪口镇		杨宋镇 北房镇		16
2005	南磨房乡 将台乡 太阳宫乡	温泉镇	长辛店镇		阎村镇	采育镇 黄村镇	梨园镇 马驹桥镇	李桥镇 牛栏山镇 高丽营镇	阳坊镇	大华山镇 马坊镇	溪翁庄镇 太师屯镇	桥梓镇 汤河口镇	八达岭镇	21
2006	奥运村乡 黑庄户乡	海淀乡	卢沟桥乡	斋堂镇 妙峰山镇	十渡镇 长阳镇		台湖镇	北小营镇 南法信镇 赵全营镇	北七家镇	马昌营镇	十里堡镇 高岭镇 北庄镇 古北口镇 河南寨镇 巨各庄镇	渤海镇 喇叭沟门乡 宝山镇	旧县镇 千家店镇	25
2007	十八里店乡	苏家坨镇					永乐店镇	北石槽镇		黄松峪乡	东邵渠镇 不老屯镇 冯家峪镇 密云镇 西田各庄镇 石城镇 大城子镇 新城子镇 穆家峪镇	长哨营镇	康庄镇 延庆镇 永宁镇 大榆树镇 张山营镇 四海镇 沈家营镇 刘斌堡乡 珍珠泉乡 大庄科乡	25

年份	朝阳	海淀	丰台	门头沟	房山	大兴	通州	顺义	昌平	平谷	密云	怀柔	延庆	总数
2008							永顺镇	仁和镇	东小口镇 长陵镇	熊儿寨乡		雁栖镇 琉璃庙镇 庙城镇	香营乡 井庄镇	10
2009		上庄镇		王平镇 雁翅镇 清水镇	琉璃河镇 韩村河镇		于家务乡	杨镇 天竺镇 北务镇 南彩镇	南口镇 十三陵镇 流村镇	平谷镇 金海湖镇 山东庄镇 镇罗营镇 夏各庄镇		怀柔镇		20
2010				龙泉镇	蒲洼乡		张家湾镇	李遂镇 大孙各庄镇		王辛庄镇				6
2011				军庄镇	张坊镇	魏善庄镇	漷县镇	龙湾屯镇		南独乐河镇				6
2012					河北镇		潞城镇		百善镇	刘家店镇 大兴庄镇 东高村镇		怀北镇		7
2013							西集镇		马池口镇 崔村镇 兴寿镇			九渡河镇		5
合计	8	5	3	8	10	5	10	17	13	16	17	14	15	141

自 2004 年以来，生态乡镇、生态村建设工作列入市政府第十、十一、十二、十三、十四阶段大气污染控制措施及市政府实事或新农村建设折子工程之中，市、区县、乡镇、村合力推动。在工作程序上，严格执行“镇村自愿申报—区县主管部门初审—专家审阅材料—现场审查—公示命名”的程序。

截至 2013 年年底，全市累计创建国家级生态乡镇 91 个；创建北京郊区环境优美乡镇 141 个。通过创建活动，广大农村生态环境质量得到改善，越来越多的农村走上了生产发展、生活富裕、环境优美的发展之路。

二、典型介绍门头沟区王平镇国家级生态乡镇

王平镇位于门头沟区中南部，总面积 45.6 km^2，辖区内有行政村 16 个、居委会 4 个，总人口 8 800 人，全部是非农业人口，以前是一个以矿山企业为主导产业的乡镇。在北京市郊区环境优美乡镇、国家级生态乡镇建设过程中，王平镇党委、政府、全镇人民，以落实功能定位、加快产业结构调整为工作重点，关闭煤矿、采石场等矿山企业 20 余家，并实施生态修复；对各村生活垃圾进行源头分类、处理，87.28%的农户进行了户厕改造，形成了以旅游产业为主导，以都市型现代农业和综合服务业为支撑的产业结构，改善了生态环境，提高了人民生活水平。

（一）主要做法

一是强化组织领导，落实创建工作责任。把创建工作纳入了镇党委、政府重要议事日程，成立了由镇党委书记、镇长任组长的创建工作领导小组，领导组下设创建办公室，制定了《王平镇创建国家级环境优美乡镇工作实施方案》，分解具体任务，明确部门职责，定期召开工作进度汇报和协调会议，研究部署各项创建工作，及时解决工作中的问题和困难，形成了党政领导亲自抓、各单位协调配合、各工作组具体落实

的工作机制，做到领导到位、经费到位、人员到位、措施到位，形成工作合力。

二是强化规划编制，为创建工作提供指导。结合镇域规划和城镇规划，编制了《北京市门头沟区王平镇环境规划》，使王平镇的发展建设更具全面性、统一性，实现城镇建设和环境建设科学、规范、系统地有序发展。

三是强化设施建设，加大环保基础建设投入。按照重点投资、重点建设的原则，积极开展生态环境建设和基础设施建设，先后完成了全镇16个行政村的街、巷道路硬化、供排水、照明，镇中心区供水和污水处理等基础设施建设。投资320余万元完成了已关闭矿山的生态修复工程；完成荒山造林工程2 200亩，爆破造林工程800亩，水源林工程500亩，彩叶工程500亩，封山育林工程18 000亩，镇域森林覆盖率达到85.93%；先后投资350万元完成了镇中心区休闲公园1处、村居休闲健身广场20处及镇域内主要道路两侧的绿化美化工程，新增绿地3万 m^2，镇中心区人均绿地达到18.72 m^2；投资1 000万元，完成永定河湿地生态修复工程，清运渣土垃圾4万 m^3，修复河道长1 050 m，修复湿地面积10万 m^2，蓄水量9万 m^3；投资1 000万元完成镇域内16个行政村的街、巷道路硬化11万 m^2 以及5.3万m自来水管线和3万m污水管线的铺设工程，有效地改善了王平镇农村生活环境；投资3 100万元完成了供水厂和污水处理厂工程；投资300万元，完成9个公厕和796户的户厕改造工程，达到了国家级卫生镇的标准；投资430万元对各村居环境进行治理，购置垃圾分类工具，垃圾运输车15辆，修建有机肥厂1座，并为各村配备专职卫生管理员，组建了道路保洁队、垃圾运输队、中心区绿化养护队，保证镇域内公共环境的卫生，有效地改善了全镇整体环境，为创建工作奠定了坚实基础。

（二）工作成效

一是推动了产业结构调整，促进了经济发展。在关闭矿山企业的同时，镇党委、政府以创建为载体，加强生态环境建设，实施生态修复工程，积极进行产业结构调整，大力发展生态观光旅游、民俗文化旅游和都市农业，并取得明显效果。2008 年，完成农村经济总收入 12 808.8 万元，同比增长 6.8%，人均劳动所得同比增长 11.3%，东马各庄村和韭园村被市旅游局评为市级民俗旅游村。

二是美化了村容镇貌，改善了生态环境和生产条件，提高了居民的生活质量。坚持环境治理与环境保护“两手抓、两手都要硬”的方针，制定和完善了相关制度，进一步完善了生态林保护制度，与全镇 200 余名生态林管护员签订责任书。镇政府每年与各村、镇域内各有关单位签订环境综合整治工作目标责任书。制定完善王平镇保洁队、绿化队、垃圾运输队等的相关管理制度，明确了专职环保人员的工作职责。

三是增强了环境意识，普及了环保知识，提升了乡镇生态文明水平。群众的生态意识和参与程度直接关系到创建效果。在创建过程中，充分利用会议、广播、标语等方式，广泛宣传生态环境保护工作的重要意义，提高全镇人民的环境保护意识。通过向群众发放倡议书，制作宣传展板、宣传画，发动群众开展环境整治工作。通过宣传，使生态环境意识深入人心，营造了浓厚的创建氛围。在群众的大力支持和积极参与下，各基层单位绿色创建活动成效显著，形成了全镇参与生态建设的良好局面。

（三）工作亮点——“垃圾分类”全面铺开，镇域环境彻底改变

通过广播、宣传画、文化墙、标语等形式大力宣传农村生活垃圾源头分类、资源再利用工作，提高了地区群众对垃圾分类工作的认知程度；建立了农村生活垃圾源头分类、资源再利用工作长效机制，制定了相关

工作制度，设立了专职保洁员和垃圾分类收集员，划分了责任区，制定了考核和奖惩办法，出台了垃圾分类示范村、户的评选标准，建立了环境治理和推进垃圾分类工作的以奖代补机制，定期召开工作总结表彰和经验交流会，对垃圾分类先进村和优秀家庭进行奖励；为各村居配置了垃圾收集车辆和设备，部分村建设了厨余垃圾、灰土垃圾堆肥厂，基本做到了灰土垃圾在村内堆肥处理，初步实现了生活垃圾资源化、减量化，镇保洁队的垃圾运输量由原来的每天 50 余 t 锐减到 10 余 t，全镇 20 个村居全部建立了“白色垃圾”和有毒垃圾有奖回收的奖励制度；完成了垃圾压缩站和有机肥加工厂建设工程，通过宣传力度的加大、长效工作机制的建立、基础设施的完善，为最终实现农村生活垃圾的减量化、资源化、无害化奠定了坚实的基础。

第五节　生态村

一、创建情况

生态村是生态乡镇（环境优美乡镇）创建的基础。截至 2013 年年底，全市累计创建北京郊区生态村 2 001 个，占全市建制村的 50.7%。其中国家级生态村 2 个，分别是顺义区赵全营镇北郎中村、怀柔区渤海镇北沟村（环境保护部公告 2010 年第 37 号）。

表 5-5　北京郊区生态村创建情况统计表

区县	乡镇总数/个	村庄总数/个	北京郊区生态村/个	创建比例/%	国家级生态村/个
朝阳区	19	154	18	11.7	0
海淀区	7	84	27	32.1	0
丰台区	5	68	20	29.4	0

区县	乡镇总数/个	村庄总数/个	北京郊区生态村/个	创建比例/%	国家级生态村/个
门头沟区	9	178	143	80.3	0
房山区	20	461	196	42.5	0
通州区	11	475	128	26.9	0
顺义区	19	426	322	75.6	1
大兴区	14	527	132	25.0	0
昌平区	15	303	195	64.4	0
平谷区	16	273	237	86.8	0
怀柔区	14	284	135	47.5	1
密云县	18	334	311	93.1	0
延庆县	15	376	137	36.4	0
合　计	182	3 943	2 001	50.7	2

二、典型介绍

（一）顺义区赵全营镇北郎中国家级生态村

顺义区赵全营镇北郎中村有 520 户，1 575 人，村域总面积 6 600 亩。2004 年 10 月 2 日，胡锦涛总书记视察北郎中村，提出“农村全面建设小康社会，要发展经济、改善环境、全面提高人的素质”的重要指示。在总书记指示精神鼓舞下，按照新农村建设 20 字方针，北郎中村确立了“发展绿色经济、营造绿色环境、奉献绿色产品、共享绿色生活”的“四绿”发展定向和“生产、生活、生态、示范”四位一体的发展定位，大力发展都市型现代农业，在创新中发展，在发展中创新，全村实现人均纯收入近 2 万元，村民实现充分就业和持续增收，实现了全村经济社会的全面协调可持续发展。先后获得全国先进基层党组织、全国造林绿化千佳村、全国绿色小康村、全国创建文明村镇工作先进村镇、全国科普惠农兴村先进单位、首都文明村、首都绿色村庄、北京市郊区生态文明村、北京最美的乡村、北京市农村科普示范村、北京市创新型科普社区、京郊农业结构调整先进村、京郊经济发展十大杰出典型等荣誉称号。2010年，被环境保护部授予国家级生态村称号，成为北京市首批获此殊荣的2个村之一。

1．主要做法

一是加强领导，把创建融入村庄规划建设中。强化领导，明确分工。建立村党支部书记为组长、村委会主任为副组长、两委班子成员和村企业负责人为成员的创建工作领导小组。对创建工作进行明确分工，由村党支部书记负责统一部署、协调，村委会主任负责措施落实，两委班子成员分别主抓生态环境、文体娱乐、公益事业、科教信息等各方面工作，各企业负责人重点负责本企业的厂容厂貌、安全生产、员工培训等方面的文明创建工作。

规划指导、渐进发展。北郎中村始终把村庄规划放在突出位置，在规划指导下改善村容村貌和生产经营环境，着力优化产业结构，增加村民经济收入，提高村民生活质量。制定创建工作目标，并把精神文明创建工作与村两委干部责任制有机结合，实现了可持续发展。

二是发挥创建工作载体功能，营造和谐发展氛围。加强引导，发挥活动的载体功能。北郎中村坚持以活动为载体，在党员干部中广泛开展教育活动，在企业管理层中开展培训活动，在村民中开展丰富多彩的文化娱乐活动，满足不同群体的个性化需要，增强了全体村民的环境意识、思想道德意识和文明意识，使创建工作体现在广大村民的生产生活中，也使创建工作更加深入人心。

集中民智，在创建中广泛凝聚力量。北郎中村对村内企业进行了股份制改造，经济活动向股东公开，大事小事征求股东意见；广大村民积极参与村政事务和管理决策，真正把农民的知情权、决策权、参与权和监督权落到了实处，调动了广大党员群众建设家乡的热情；党员、村民代表发挥桥梁和纽带作用，促进村务、厂务、党务的公开，基层组织“推动发展、凝聚力量、服务群众、促进和谐”的职能作用得到充分发挥，营造了公开、公平、公正，和谐发展的良好氛围。

2．工作成效

一是整体文明形象得到提升。按照“五化”要求，以绿化养绿化的方法，种植一些树种和花卉，形成了既装点环境又能产生经济效益的特色景观、景点，使村庄的林木覆盖率达到了51%，整个村庄坐落在鲜花映衬、绿树环抱之中。不断改善村内环境，使全村环境治理无死角盲区，环境水平逐年提高。进一步疏通、修整村内坑塘水系，利用地形地貌，将村旁原有3个自然坑塘修建成蓄水池，进行雨洪收集，将收集的雨水用于村内景观用水和浇灌农田，节约了水资源，从而形成了村内完整的生态水系，使全村的生态环境得到有效改善，达到既能防洪、排涝，又能存储水资源、改善生态环境的良好效果。实施“环能工程”，把养殖业粪水进行收集、治理，生产沼气和生物有机肥，实现水资源的循环利用，既使全村家家用上了清洁能源（沼气），又实现了水资源的零排放；建成2座生态厕所和1座水冲式厕所，对全村村民家庭厕所进行水冲式无害化改造；建设集中供暖和生活垃圾、生活污水处理设施；建成垃圾房1座。这些举措，提升了全村环境的总体水平，促进了经济社会的可持续发展。

二是社会公益事业得到发展。围绕提高村民综合素质，培育良好村风，提高村民生活水平，促进村民就业增收，北郎中村建设和完善了村民科技培训服务中心、文体活动服务中心、医疗卫生服务中心、购物服务中心、村民就业服务中心、物业管理服务中心、绿化美化服务中心、环能管理服务中心、水电通讯管理服务中心和种养殖服务中心；充分利用党员远程教育网和农业科技智能网，聘请有关科研院所、大专院校的专家、教授，有组织、有计划地对村民进行思想道德和职业技能培训，使广大村民的自身素质与经济社会发展相适应，满足了群众不断增长的物质文化需要。制定完善村内医疗、养老、独生子女家庭奖励、老年人生活补助发放等福利制度；建立健全帮扶求助措施；在村中心建设 300 m^2 的太阳能大众浴室，免费向村民开放；村集体出资为全村 520 户开通有线电视网络；成立全程办事代理办公室，长期坚持为村民办理各项服务；把图书室升级为顺义图书馆分馆，每月定期更换图书 800 余册，科技文化书籍已达 2 万余册，为村民学习提供了良好的条件；依托“二月新春”“五月鲜花”“十月金秋”等系列文化活动，积极开展文化活动，陶冶群众情操，既丰富了村民精神生活，融洽了干群关系，又增强了村党支部、村委会的凝聚力和号召力。

三是村域经济进一步壮大。北郎中村围绕村民就业增收这条主线，依托科技，用工业理念发展农业，按园区化、特色化、产业化、规模化和品牌化要求，大力调整和优化产业结构，推进产业升级，不断拓宽村民增收渠道。形成科技含量较高、市场竞争力较强、具有自身特色的主导产业。

①北郎中村从事花卉、籽种农业，农产品加工、物流配送和观光休闲农业的企业，全部通过了 ISO 9001—2000 国际质量管理体系认证和 ISO 14000 环境质量管理体系认证。以股份制形式所组成的北郎中农工贸集团被北京市政府评为北京市首批农业产业化重点龙头企业，被北京市消费者协会评为“消费者信得过单位”。实施品牌化战略，打造“北郎中”品牌。对全村企业及其产品进行整合，统一使用“北郎中”品牌和商标，注册“北郎中”商标的产品达 116 种。“北郎中”品牌被评为“北京市著名商标”。②以生猪屠宰、食用农产品配送中心为主的农产品加工企业规模、市场份额不断扩大，发展优势明显。柴猪肉、彩色鲜食糯玉米、黑小麦全粉、速冻食品等特色食用农产品，全部通过了有机食品认证和 HACCP 食品安全管理体系认证，深受广大消费者的欢迎。③重点发展的花卉产业，按照集科研、生产、加工、示范、观光于一体的产业园模式建设，成为经济效益高，带动村民就业能力强的新产业。

（二）怀柔区渤海镇北沟国家级生态村

北沟村位于怀柔区渤海镇东北端，燕山山脉脚下，自然环境优美，林木覆盖率达 96.8%，是一个三季有花、四季常青的漂亮山村，国家 4A 级风景区慕田峪长城从村内山场横穿而过。北沟村村域面积 4 400 亩，共有 142 户，350 人，以板栗种植业为主导产业，辅以民俗旅游接待业。

2004 年，北沟村开始生态创建工作，从村地理位置、村域环境的实际出发，因地制宜，依沟修路，依地建房，大力兴建基础设施工程，整治环境，形成了环境优美、干净整洁、独具一格的京郊区农村面貌。2005 年北沟村被评为首都文明村，2006 年被评为北京市文明生态村、京郊环境建设先进集体。2006 年 1 月，北沟村向怀柔区环保局提出创建生态村的要求，成立了创建生态村领导小组，制订了生态村建设规划，全面展开了创建工作。2010 年，北沟村被环境保护部授予国家级生态村称号，成为北京市首批获此殊荣的 2 个村之一。

1．主要做法

一是健全机构，组织保障。创建生态村的目标确定后，北沟村党支部、村委会高度重视，成立了以村党支部书记兼村委会主任为组长的创建生态村领导小组，编制了生态村建设规划，制订了《怀柔区渤海镇北沟村委会环境保护制度》，成立了北沟村环境治理保洁队。领导小组每季度召开一次会议，通报阶段性创建工作进展情况，研究解决在创建工作中的热点、难点和疑点问题，按照逐步推进创建工作的要求，精心部署下一阶段的工作目标和任务，认真把握创建中的各个环节，使各项工作有的放矢，稳步推进。

同时，按照创建达标的要求，领导小组成员根据实际情况不定期对创建工作的实施情况进行现场检查，针对创建工作中存在的问题和薄弱环节，加强指导，做到及时掌握情况，迅速解决问题，及时督促整改，使各项工作落到实处。

二是广泛宣传，全村参与。确定创建生态村之后，村党支部、村委会统一思想，明确目标，并由村干部带头，以党员和村民代表为依托，分层次向全村人民宣传生态村创建工作。通过多种载体，把生态村创建工作融入党支部自身建设、村民道德教育和精神文明创建活动之中，通过有声有色的宣传和实践活动，使群众环保意识不断提高，奠定了创建生态村的群众基础，扎实、有效地开展生态村创建工作。加强“三室一栏”的基本阵地建设，“三室”即村民电影放映室、广播室以及图书室，“一栏”即公开栏。利用数字影院每周两次对村民免费开放的机会，在放映前插播环境保护的科教片和宣传片；在每周一次的村级广播里增加了环保法制、环保科普知识的宣传内容；利用“万村书库”工程的契机，将关于生态村创建、环境保护、发展环境经济的书籍搬进图书室，对村民开放。最后是发挥公开栏保留时间长的优势，将一些通俗易懂的、充满趣味的、关于环境保护的宣传画、正反面案例粘贴到公开栏里，用直观的感受唤醒群众的环境保护意识。

同时，开展特色活动，丰富创建生态村的内容，如每年进行评比活动，对群众比较认可的、环境卫生好的家庭给予物质奖励；积极开展环保志愿者活动；开展健康促进示范村活动，掀起长城脚下的健康生活热潮。

2．主要成效

一是乱堆乱放现象得到有效整治。自 2006 年起，村干部现场发通知书清理垃圾，干部们定时巡查全村，只要发现存在乱堆乱放的现象，要求限期清理干净；发现占用街道、违章搭建的柴篷、牲畜屋，也发通知限期拆除。截至 2010 年，村干部共集体巡查村内主要街道 20 多次，发出通知 70 余份，全村农户柴草进院 400 余 t、砂石料进院 200 余 t，实现了村里主要街道边无乱堆乱放物品，全面改变了杂乱无章的落后面貌，整个街道变得井然有序、干净整洁。

二是饮用水水源安全得以保障。先后投资 60 万元，分别在村北北石砬和西房子打水井各 1 个，建机房 8 间。聘用专职管水员，定期消毒，从源头治理，保证村民的饮用水卫生达标。

三是解决了厕所卫生。实施“改厕”工程，旱厕改水冲厕所 100 余户，改厕率达 95%。村委会还投资了 30 万元，在村中心建设了水冲公厕 1 座，解决了村民的卫生问题，防治了粪便污染。

四是大力推广使用太阳能。结合着柴草进院的机会，向村民免费发放太阳能灶，共有 80 余户村民用上了太阳能烧水做饭，同时鼓励农户家庭使用太阳能热水器。

五是加大环境基础设施硬件建设力度。累计投资 1 000 多万元，完成了村民文化广场改造，建起了集村民教育、娱乐于一体的村民文化活动中心楼；在公路两旁和村内花坛栽种各种花草 20 000 余株，进行公路绿化和美化，为全村“扮靓门脸”；在村北村民板栗种植区修 3 m 宽的水泥路 3 000 余 m，既方便了村民生产，又改善了生态环境；在全村实施国家级生态农业综合开发工程，在村内需要的地方垒砌防护石坝，整治河套，防治水土流失，在村民的板栗种植地修山间道路，建设集雨池和微灌设施。

六是加强日常管理与维护工作。创建生态村是一项长期性、连续性的工程，良好的硬件建设和日常的管理维护缺一不可。为了保持日常环境卫生，充分发挥硬件设施的作用，北沟村采取了以下可行的管理措施：①集体出资聘用了专职的保洁人员 2 名，每天负责打扫街道，聘用了公厕管理人员 1 名，负责维护公共厕所和公共浴室的卫生。②建立活动中心楼卫生干部承包责任制，消除卫生死角。③将村庄划分成为 6 个片区，成立了 6 支党员卫生保洁服务队，进行日常卫生维护，每月 5 日开展集体活动，进行全面大扫除；把党员在服务队的表现纳入测评优秀党员的标准之内。

七是建立了维护环境卫生的长效机制。为了巩固环境整治的效果，继续执行有效的治理措施，北沟村将符合村内实际的环境卫生管理规定写进了《北沟村村规民约》中，获得了村民的认可。环境卫生管理的规定共有 11 大项 42 小条，在村规民约中占据了重要的篇幅。

八是实现了经济与生态环境协调发展。由于环境整治效果明显，村级各项建设取得了不错的成绩。最突出的效果是村内的民俗旅游接待事业有了零的突破，而且呈快速增长的态势。同时还吸引了大批的投资商到北沟村来投资开发，村内出现了像“小庐面”“福红居”等有特色的民俗接待户，吸引了大批市内、外甚至是国外的游客来村内观光游览和餐饮住宿。优美的环境和良好的社会秩序还吸引了许多外国友人到村内租房长期居住。民俗接待业的发展为北沟村的劳动力提供了充分的就业岗位，逐步养成了现代、健康、文明的生活习惯。

第六章　生态工程与生态恢复*

第一节　城乡绿化美化建设

北京市地处我国华北平原北部，面积 16 410.54 km^2，作为六朝古都，有着悠久的历史和深厚的文化底蕴。然而，新中国成立初期的北京市，森林覆盖率仅为 1.3%，平原洪荒泛滥，山区童山濯濯，生态环境令人堪忧。京郊 1.04 万 km^2 的山区，除高山地区残存的 2 万 hm^2 天然次生林地和灌木丛外，到处是荒山秃岭；平原农村林木稀疏，荒野萧条。

党中央对改善首都生态环境高度重视。1953 年 2 月，朱德同志视察小西山时指示，小西山的绿化政治意义重大，要赶快绿化小西山。北京市认真贯彻落实党中央的指示精神，部署林业部门进行了绿化调查和规划，并在驻京解放军支持下，于 1953 年打响了绿化北京西山的造林战役。从那时起，北京市就拉开了绿化美化首都的帷幕，点燃了建设绿色北京的希望之光。自以驻京部队、机关干部为主体的分片造林“战斗”在北京西山、八达岭等一些重点荒山、荒滩打响后，首都的绿化造林工作再没停止，一直坚持不懈至今，如今许多地方已经建设成为森林公园和著名的风景区。

* 注：本章内容由编者根据园林、绿化、水务、国土等相关部门工作资料、网络公开信息整理编辑完成。

20世纪80年代，“风沙紧逼北京城”，吹响了向荒山、荒滩进军的号角。全民义务植树运动启动，义务植树大军与园林绿化工作者一同向风沙宣战。这一时期我国全面实行改革开放，首都园林绿化工作也迎来了一个绿色的春天，园林绿化建设进入了一个形势好、发展快、成效显著的发展阶段。

当历史跨入新千年，北京申办奥运会获得了成功，中华儿女渴盼已久的奥运梦想终于实现。为此，北京制订并实施了《2008——绿色奥运行动计划》，首都北京的绿化美化建设以“办绿色奥运 建生态城市”为目标进入了高速和跨越发展的时期。经过奋发努力，北京的林木总量迅速增加，林木绿化率以平均每年1.5个百分点的速度快速增长，并为2008年成功举办北京奥运会奠定了良好的生态环境基础。

2009年11月20日，北京市第十三届人民代表大会常务委员会第十四次会议通过了《北京市绿化条例》（以下简称《条例》），自2010年3月1日起施行。

随着《条例》的颁布，北京园林绿化原有的城乡二元结构被打破，原有的城乡园林绿化标准不统一、政策不一致的弊端就此革除。《条例》不仅将适用范围由城市建成区扩大到北京市全部行政区域，还特别增加了生态公益林补偿、绿化隔离地区建设、农村绿化等乡村绿化内容，实现了城市与农村的均衡统一发展。如《条例》中明确规定了农村地区应当科学布局绿化用地，按照村庄园林化、道路林阴化、河渠风景化、农田林网化的要求实施绿化；提高农村绿化科学技术和艺术水平，兼顾绿化的生态效益和经济效益。《条例》总结吸收了绿化工作中大量的好经验、好办法，突出了园林绿化在首都经济社会发展和历史文化传承中的基础地位，强化了区县政府、各级主管部门和有关部门的职责，拓展和充实了城乡统筹的绿化工作内涵和外延，具有鲜明的时代气息。北京园林绿化进入城乡统筹发展的新阶段。

表 6-1 北京市园林绿化及森林情况（1978—2010 年）

年份	年末公园绿地面积/ hm^2	人均公园绿地面积/（m^2/人）	城市绿化覆盖率/%	林木绿化率/%
1978	2 693	5.07	22.30	
1979	2 693	5.07	22.30	
1980	2 746	5.14	20.10	16.6
1981	2 751	5.14	20.10	16.6
1982	2 779	5.14	20.10	16.6
1983	2 823	5.14	20.10	16.6
1984	2 878	5.14	20.10	16.6
1985	3 263	4.94	22.10	16.6
1986	3 606	5.07	22.86	16.6
1987	3 570	5.07	22.90	16.6
1988	4 074	5.80	25.00	16.6
1989	6 910	6.00	26.00	16.6
1990	7 110	6.14	28.00	28.3
1991	4 279	6.41	28.43	28.3
1992	4 213	6.65	30.33	28.3
1993	4 452	7.76	31.33	28.3
1994	5 221	7.89	32.39	28.3
1995	5 017	7.48	32.68	36.3
1996	5 147	7.54	33.24	36.3
1997	5 408	7.80	34.22	36.3
1998	6 351	9.00	35.60	36.3
1999	6 457	9.10	36.30	36.3
2000	7 140	9.66	36.50	42.0
2001	7 554	10.07	38.78	44.0
2002	7 907	10.66	40.57	45.5
2003	9 115	11.43	40.87	47.5
2004	10 446	11.45	41.91	49.5
2005	11 365	12.00	42.00	50.5
2006	11 788	12.00	42.50	51.0
2007	12 101	12.60	43.00	51.6
2008	12 316	13.60	43.50	52.1
2009	18 070	14.50	44.40	52.6
2010	19 020	15.00	45.00	53.0

一、首都绿化美化取得的成效

（一）三道绿色生态屏障建设

按照国务院批复的《北京城市总体规划》（2004—2020 年），首都北京确立了建设城市绿化隔离地区、平原地区、山区三道绿色生态屏障的建设规划。

1．第一道绿色生态屏障

城市绿化隔离地区绿色生态屏障，是为了增加城市绿地面积，改善城市周边“脏、乱、差”的面貌和环境质量，防止城市“摊大饼”式发展而规划建设的。2000 年年初，北京市委、市政府做出了加快绿化隔离地区建设的决定。到 2009 年，已经建成了 7 块万亩以上的大型绿地，并且联结成环，环绕在北京城区周边，形成了总面积达 120 多 km^2 的“城市森林”绿化带。

城市中心区绿化美化是在寸土寸金的地方栽花插绿，难度很大。老北京城的树木大多只能在寺庙内和古迹周围见到。伴随着《北京城市总体规划（2004—2020 年）》的实施和 500 m 见公园绿地理念的落实，城市绿地建设、道路绿化、新老居住小区绿化等工程使城市绿色逐渐增多，涌现出明城墙遗址、黄城根遗址、金融街等万米以上大型集中绿地 150 余处，形成了以二环、三环、四环及城市主干道绿化为主体的道路绿化网；颐和园、北海等古老的皇家园林重放光彩；社区绿化、单位美化营造了宜人环境，星罗棋布的街头绿地使老百姓走出家门不超过 500 m 就能够享受到绿色的温馨。

2003 年，北京市在原城市绿化隔离地区外围，又启动了第二道绿化隔离地区建设。北京的城市森林向外推进了 20 km，目标是使这一地区成为城市周边的生态涵养区、绿色产业区和旅游休闲区。绿化工程主要在非基本农田实施，进展顺利。

2007 年，在第一道城市绿化隔离地区绿化建设基础上，启动了“郊野公园环”建设工程，在原有绿化基础上增加休闲设施，使市民进得来、留得住、有得看，充分享受绿化成果。第一道隔离地区一批森林公园、文化体育公园、观光采摘园等休闲娱乐和服务场所相继建成，显现出“绿化达标、环境优美、经济繁荣、农民致富”的新气象。

2．第二道绿色生态屏障

平原绿色生态屏障，是在平原地区启动了“三北”防护林建设、“五河十路”绿色通道建设等绿化重点工程，结合平原地区农田防护林建设和村镇四旁绿化、沙荒治理等工程，构筑点、线、面相结合的平原绿化体系，使平原地区成为首都的第二道绿色屏障。

2001 年启动的“五河十路”绿色通道建设工程，规划在北京通向外埠的 8 条公路、2 条铁路和 5 条主要河流两侧建设绿化带，形成绿色通道。规划绿化长度 1 000 km、总面积 2.33 万 hm^2。经过绿化建设，到 2009 年，已形成了 15 条色彩浓重、气势浑厚的绿色走廊，全市乡级以上公路、河道 90%基本实现了绿化。

平原绿化注重植物的空间立体配置、季相配置和色彩配置，达到春季花红柳绿、夏季枝繁叶茂、秋季色彩缤纷、冬季翠色依然的绿化效果。

3．第三道绿色生态屏障

山区绿色生态屏障，是北京最外围的一道屏障。北京市山区面积占北京市总面积的 62%，主要分布在首都的东、北、西三面，涉及 7 个区县。山区绿化是北京生态环境建设的重要组成部分，对防尘治沙、涵养水源、保持水土，从根本上改善首都生态环境发挥着重要作用。为此，北京市的 7 个山区区县全部列入了国家生态环境建设综合治理重点县，启动实施了太行山绿化、京津风沙源治理等系列绿化工程，营造防护林、水源涵养林、水土保持林和风景林。经过多年人工造林、飞播造林、封山育林、村庄绿化等措施，90%以上的山区得到绿化美化，增加了针、阔叶树种和彩叶乔灌木。截至 2007 年，山区林木覆盖率达到 70%，形成了环抱京城的山区绿色生态屏障。生态效益和绿化景观效果显著。

（二）水源保护林建设

京郊海拔 800 m 以上的深山和中山区是河流的发源地，也是北京 84 座大、中、小型水库的水源保护区。新中国成立后，围绕着保持水土、涵养水源，开展了封山育林、植树造林和飞机播种造林等工程，以改善生态环境。

密云水库、怀柔水库建于 20 世纪 50 年代，具有防洪及供工农业用水等综合功能，80 年代后，成为北京城市主要饮用水水源。密云水库、怀柔水库在北京境内流域范围涉及延庆、怀柔、密云、昌平等 4 县的 51 个乡，流域总面积 4 498 km^2。该地区自然条件差，山高坡陡，缺林少树，水土流失严重。为改变这一地区的生态环境，两库建成后，成立了密云、怀柔水库林场，建立了 4 个苗圃。1959—1960 年，北京市人民委员会组织民工 20 万人上山造林，在水库周围 14 个重点地区造林 7 333 hm^2，栽苗 2 200 万株，播种 2 万 kg。国家还投资 34.5 万元，在水库周围退耕还林，集体连片建果园，栽植果树 100 多万株。1964 年，在密云县的白河大桥至古北口、延庆县的刘斌堡至西海，沿着近 50 km 的山麓种植油松、侧柏。1960—1980 年，密云县人民先后进行 5 次大规模植树造林，使库区森林覆盖率由 10%提高到 20%，初步形成了多林种、多层次的水源保护林结构。1981 年开始，北京逐步推行工程造林和综合治理，水源保护林建设相继列入国家“三北”防护林工程和京津周围地区绿化工程。截至 1990 年，密云水库流域累计人工造林 4.27 万 hm^2，封山育林 2.27 万 hm^2，飞播造林有效面积 3 300 余 hm^2，森林覆盖率达到了 52%。怀柔、延庆、昌平等县也进行了水源保护林专项建设。森林植被的增加，对保持水土、涵养水源、净化水质起到了很好的作用。

1997 年，山区初步形成了以水源保护林和风景林为主体的防护林体系。密云、怀柔水库上游营造各类水源保护林 64.7 万亩，密云、怀柔水库上游林木覆盖率 56%。2003 年，山区完成水源保护林、水土保持林等 67.3 km^2，首都绿色生态屏障基本形成。

（三）水土保持生态工程

北京市山区 25°以上的陡坡山地面积约 4 857 km^2，占山区总面积的 46.6%。由于山高、坡陡、植被稀疏，每逢汛期暴雨来临，水土极易流失，甚至发生泥石流。新中国成立初期，全市山区水土流失面积达 6 474.5 km^2。为治理水土流失，市政府发动群众植树造林、兴修水利、整治山坡地，采用水利工程与生物工程相结合的方法进行大规模的治理。至 1990 年，已有 3 000 多 km^2 的水土流失区得到不同程度的治理。

1950—1990 年，北京地区共发生大小泥石流灾害 18 次，主要发生在密云、怀柔、门头沟等地区，其中灾害严重的有 10 次，死亡 474 人，冲毁大量的房屋、耕地、牲畜和树木等。据 1987 年北京市防汛办公室调查，北京市境内潮白河流域泥石流沟谷有 130 多条。1989 年，北京市地质科学研究所采用大比例尺（1∶1 万～1∶4 万）航片解译，辅以野外实地调查方法认定：北京地区有泥石流沟 367 条，滑坡 15 处，崩塌、滑塌 3 万余处，较严重的水土流失面积为 534.8 km^2，占北京市山区面积的 5.13%。1984 年，市计委、市环保局与市水利部门制定了治理方案。20 世纪 80 年代中期，每年由国家补助资金治理水土流失约 100 km^2，加上当地政府自筹资金，每年共治理 140 km^2。1985 年，国家计划委员会（以下简称“国家计委”）将密云水库上游潮白河流域列为国家重点水土流失治理区，每年拨专款 250 万元（拨给北京市 80 万元、河北省 170 万元），北京市和河北省各自分别筹措 50 万元成立了潮白河水土流失治理领导小组，负责落实该地区的水土保持生态工程。1981—1990 年，北京市治理水土流失面积共 1 130.4 km^2。

北京市水土保持生态工程以小流域为单位，采用生物措施与水土保持工程措施相结合的原则进行小流域综合治理。以怀柔县汤河口镇庄户沟水土保持试点生态工程最为典型。庄户沟位于怀柔县北部深山，总面积 85.2 km^2，治理前，水土流失面积高达 73.3 km^2，占流域总面积的 86%。该地区生态环境脆弱，自然灾害频繁，生产力水平低下，燃料缺乏。1980 年，庄户沟被水利部海河水利委员会列为小流域综合治理试点，先后在小流域上部保护区封山育林、人工造林，以滞蓄地表径流；在中部经济开发区建谷坊坝、拦洪坝等水利设施，发展林果经济；在下部农业发展区四旁植树、修护村坝、坡地改梯田等。1981—1990 年，庄户沟共投资 314 万元，动土石方 157.4 万 m^3，人工造林 3 513 hm^2，沟谷造林种草 1 000 hm^2，封山育林 1 273 hm^2。阳坡植被覆盖率由 30%～50%提高到 70%～90%，阴坡植被覆盖率由 50%～60%增加到 90%～100%；土壤侵蚀模数由 1981 年的 1 456.4 t/（a·km^2）下降到 1990 年的 348.1 t/（a·km^2），共治理水土流失面积 54.3 km^2。

1997 年 10 月，北京市开始实施山区“水利富民”工程。这一时期，北京农村产业结构和种植结构发生了深刻变化，水土保持本着为林果业、生态旅游业等特色经济发展服务的宗旨，将传统水土保持工程与蓄水保墒、集雨灌溉、综合节水，生态环境建设相结合，采取综合措施加快水土流失治理，促进山区经济开发和农民脱贫致富。1998 年后，每年水土保持生态建设的投资增加到 6 000 万元左右，治理水土流失的速度加快。

截至 2010 年年底，累计治理小流域 401 条，治理面积 5 428 km^2，水土流失治理率达到 82%。其中：建成清洁小流域 150 条，治理面积 1 902 km^2。生态清洁小流域建设率达到 27%，有效保护了首都饮用水源地，提升了环境品质，支撑了沟域经济的可持续发展。

（四）风沙治理

北京市共有沙化土地总面积 44 万 hm^2，涉及 11 个区县、121 个乡镇，以永定河、潮白河、大沙河流域、昌平南口及延庆康庄等五大风沙地区最为严重。为了控制风沙危害，从20世纪50年代开始，北京市发动群众，在重点风沙危害区和主要风口处营造防风固沙片林；50年代后期，在潮白河、永定河泛滥区陆续建成潮白河、通县、永定河等一批国营林场，植树造林1 300多hm^2，基本控制了流动沙丘。70年代以后，防沙治沙工作纳入农田基本建设规划，经市农林局调查，70年代末，北京市受风沙危害严重地区的面积达16万hm^2。1978年，在全市林业规划中，制订了“五大风沙危害区”治理计划。1980年，治沙工程列入“三北”防护林工程体系，治理步伐加快。从1981年开始，市林业局在五大风沙危害区进行营造防风固沙林重点工程，1985年完成第一期工程，共植树1 823万株，营造防风固沙林9 300多hm^2，使风沙危害区内的林木覆盖率由1981年的12.6%提高到18.6%。1990年，第二期工程完成，共营造防风固沙林8 000 hm^2，使林地总面积达到3.8万hm^2，林木覆盖率达到23.3%；同时，还兴建了骨干防风林带和农田林网，基本形成带、网、点相结合的绿色屏障，有效地遏制了就地起沙。风沙危害区的环境面貌发生了巨大变化，昔日的沙丘被苍翠森林、牧草所覆盖。1990年，北京市按照全国治沙统一部署，进行了重新规划，采取沙、水、田、林、路统一规划，综合治理，农、林、牧、副业为一体，把治沙防害和治穷致富、治乱致美相结合，使防沙治沙工作开始进入综合治沙和科学治沙新阶段。

1997年，大兴、房山、延庆康庄、密云白河及永定河沿岸等重点风沙危害区，开展防沙治沙试验和绿化治理工程，综合治理沙荒地53.46万亩，营造防沙治沙片林37.6万亩。

2000年，环北京地区防沙治沙工程开始启动，治理撂荒地、沙荒地、裸露农田造成的扬尘面源污染。2001—2006年，北京市对“三河两滩”地区（永定河、潮白河、大沙河、康庄、南口地区，简称“三河两滩”）实施“播草盖沙”工程，对季节性裸露农田实施“生物覆盖”工程和推广保护性耕作技术，增加地表覆盖面积，有效抑制农田扬沙，减少水土流失。2003 年，五大重点风沙危害区的 20 万亩裸露土地披上“绿装”。2006 年，北京市出台《关于进一步加强防沙治沙工作的意见》，进一步加强“三河两滩”五大风沙危害区的治理。2002—2006 年，环保部门和林业部门共同组织实施了 21 万亩“播草盖沙”工程。2002 年，“生物覆盖”工程开始实施。2008 年，全市农田覆盖面积 313.34 万亩，覆盖率 90.05%，其中生物覆盖率 51.79%。截至 2010 年，全市农田基本实现了“无裸露、无撂荒、无闲置”的目标，有效抑制了农田浮尘的发生。2006 年，北京确定用三年的时间，粮食作物全部实施保护性耕作（粮食保护性耕作面积要达到播种面积的 80%以上），取消铧式犁作业。截至 2010 年，冬小麦、玉米和豆类保护性耕作技术累计推广 389 万亩，在全国率先实现全面实施保护性耕作目标。

（五）立体绿化

自 1984 年首次建设屋顶绿化以来，北京已经陆续在中央机关、医院、学校、居住区推广屋顶绿化 150 万 m^2。但是，随着城市的发展，北京城市中心区绿地严重不足，使得市中心绿化覆盖率过低，景观环境和生态环境恶劣，城市热岛效应越来越严重。立体绿化可有效缓解热岛效应，改善空气质量，降低建筑能耗，大力推进立体绿化已迫在眉睫。

2011 年 6 月 9 日，北京市政府印发《北京市人民政府关于推进城市空间立体绿化建设工作的意见》（以下简称《意见》）。《意见》要求，公共机构所属建筑，在符合建筑规范、满足建筑安全要求的前提下，建筑层数少于 12 层、高度低于 40 m 的非坡层顶新建、改建建筑（含裙房）和竣工时间不超过 20 年、层顶坡度小于 15°的既有建筑，应当实施屋顶绿化。新建、改建公共机构建筑屋顶绿化建设资金列入项目总投资，养护资金纳入部门财政预算。公共机构既有建筑屋顶绿化建设和养护资金纳入部门财政预算。符合建筑规范，适宜进行垂直绿化的建筑墙体、地铁通风设施、道路护栏、立交桥及高架桥桥体等建筑、构筑物，提倡实施垂直绿化。

（六）全民参与绿化美化

改革开放激发了人们的绿化美化热情，提高了全民的共建共享意识。自 1981 年全民义务植树运动蓬勃开展以来，在中直机关、中央国家机关、驻京解放军、武警部队、社会各团体和首都市民的大力支持下，首都全民义务植树工作蓬勃开展，效果显著。4 月的第一个休息日是首都全民义务植树日，每年的这一天，党和国家领导人率先垂范，带头植树造林，极大地鼓舞了全社会的义务植树热情。全国人大、全国政协机关领导，中央军委、解放军四总部的首长及驻京部队的将军和广大指战员，中直机关、中央国家机关的部长和机关干部都积极投身首都全民义务植树活动。每年都有数以百万的首都军民参加义务植树或参加林木抚育工作。自 1981 年全民义务植树运动开展以来，截至 2009 年，首都军民义务植树 1.73 亿株，苗木成活保存面积 70 多万亩，面积相当于 160 多个颐和园。多年来赴京郊参加义务植树的中央单位、市属 18 个系统各单位共建立义务植树基地 74 个，建立绿化、生产、休养三结合基地 36 个，加快了京郊绿化步伐。截至 2009 年，全市各单位累计创建首都绿化美化花园式单位 5 315 个；创建园林小城镇 56 个；创建首都绿色村庄 180 个；社会各界营建纪念林 266 块，总面积 2 520.8 hm^2；首都全民义务植树形式不断创新，1998 年 10 月 8 日，首都绿化委员会办公室印发《关于在全市开展绿地认养活动的意见》。首都市民以多种形式参与绿化，共认建认养绿地 358 hm^2，认养林木 4.5 万株；在京的城区单位和部队与郊区行政村结成了“城乡手拉手、共建新农村”对子，帮助乡村加强绿化美化建设。

在首都全民义务植树过程中，到 2009 年，累计涌现出全国绿化劳动模范、先进工作者 50 名，全国绿化奖章 205 个，全国绿化先进集体

55 个，全国绿化模范单位 11 个，全国绿化模范城市 3 个，全国绿化模范县 2 个，首都全民义务植树红旗单位、先进单位 1 422 个（次），首都绿化美化积极分子近 26 万人（次）。

二、北京奥运会城市绿化美化成效

（一）圆满兑现“绿色奥运”承诺

2001 年，北京提出了“绿色奥运、科技奥运、人文奥运”的三大理念，并对世界做出庄严承诺：“我们有能力、有信心将 2008 年北京奥运会办成一届令人难忘的盛会”。在“绿色奥运”承诺中有 7 项具体的绿化美化承诺，截至 2007 年年底，7 项承诺全部兑现。

1．林木覆盖率接近 50%

2000 年，北京市进行“九五”资源清查时，全市林地面积为 93 万 hm^2，林木覆盖率达到 41.9%。2006 年年底，林木覆盖率已经达到 51%，提前兑现了奥运承诺。

2．山区林木覆盖率达到 70%

北京市山区约占全市国土总面积的 62%，经过多年的造林绿化，2005 年林木覆盖率达到 67.51%，2006 年达到 69.52%，2007 年年底达到 70.49%，实现了奥运承诺当中提出的山区林木覆盖率达到 70%的目标。

3．建设三道绿色生态屏障

申办承诺中提出，北京市在 2001—2008 年，经过几年的时间要形成三道绿色生态屏障。首先是城市的绿化隔离带建设，在四环路到五环路之间，建设了第一道绿色隔离地区，在五环路和六环路之间建设了第二道绿色隔离地区。平原生态屏障建设包括农田林网、道路绿化、河渠绿化等内容，到 2007 年基本形成了以绿色生态走廊为骨架，点、线、面、带、网相结合的高标准防护林体系。山区绿色生态屏障以涵养林为重点，实施京津冀风沙源治理、废弃矿山修复、水源保护林建设、封山育林等工程建设，到 2007 年年底，全市山区林木覆盖率基本达到 70.49%。95%以上的荒山实现绿化。

4．“五河十路”两侧形成 2.3 万 hm^2 的绿化带

“五河十路”，其中“五河”为永定河、潮白河、大沙河、温榆河、北运河，“十路”为京石路、京开路、京津塘路、京沈路、顺平路、京承路、京张路、六环路（五环路）8 条主要公路及京九、大秦 2 条铁路。截至 2007 年，北京市建成了长度 1 000 多 km、绿化面积 2.5 万 hm^2 的“五河十路”绿色通道。超额完成奥运承诺的 2.3 万 hm^2 的指标。

5．市区建成 1.2 万 hm^2 绿色隔离带

1.2 万 hm^2 绿色隔离带即第一道隔离地区，也叫城市绿化隔离带，是在四环和五环之间建设的隔离带。奥运承诺完成 116 km^2，涉及北京市 6 个区县、26 个乡镇，包括 4 个农场，范围比较大，面积比较广。截至 2007 年，第一道隔离地区已经实现了 126 km^2，超额完成 116 km^2 的任务。

6．城市绿化覆盖率达到 40%以上

2000 年，北京城市绿化覆盖率是 36%，2005 年年底全市绿化覆盖率由 36%提高到了 42%，2006 年年底，达到了 42.5%。

城市绿化建设包括北京市区内的公园绿地建设，城市水系环境绿化，市区的二环、三环、四环道路绿化建设，铁路沿线绿化，居住小区的绿化和创建花园式单位。

7．自然保护区面积不低于全市国土面积的 8%

到 2007 年，北京市建立自然保护区 20 个，总面积达到 13.42 万 hm^2，占北京市国土面积的 8.18%，完成申办报告中提出的自然保护区面积不低于全市国土面积 8%的指标。20 个自然保护区当中，国家级 1 个，市级 13 个，县级 16 个。森林和野生动物类型的自然保护区有 12 个，面积达 10.74 万 hm^2，湿地类型自然保护区有 6 个，面积为 2.11 万 hm^2，地质遗迹类型保护区 2 个。北京市形成了自然保护区的网络体系，使 90%

以上的国家和地方重点野生动物及栖息地得到了保护。

（二）北京奥运会绿化景观面貌

2008 年奥运会之前，北京绿化景观面貌基本达到了“绿荫覆盖、花团锦簇、特色突出、景色宜人”。

绿荫覆盖是指在有条件的地方充分种植大树，发挥生态效益，用绿化、绿荫来体现整个北京的绿化景观效果。

花团锦簇是指 2008 年整个北京花卉的布置情况。在二环路、三环路、四环路、五环路以及主要的道路连接线种植花卉，达 3 000 多万盆，布置景点 1 000 个，让每个奥运场馆周边和道路两侧形成花团锦簇的效果，最大限度渲染奥运会的氛围，用鲜花迎接客人。

特色突出是指突出北京的特色，突出中华民族的特色，突出体育盛会的特色，让五湖四海的宾客看到园林绿化具有北京风格、中国特色，所以尽量选用一些突出北京特色的树种、花卉营造这种景观。

景色宜人是指以举办奥运会为契机最大限度地改善北京市民的生活环境、居住环境以及生态环境，实现人与自然的和谐、人与社会的和谐，实现宜居城市的目标。

截至 2008 年，首都北京的林木绿化率达到 52.1%，森林覆盖率达到 36.5%，城市绿化覆盖率达到 43.5%，人均绿地面积达到 49 m^2，人均公园绿地面积达到 13.6 m^2，初步形成城市青山环抱、市区森林环绕、郊区绿海田园的优美景观和良好的生态环境。

三、平原地区造林工程

（一）实施平原造林工程的背景

北京市从 2000 年开始实施第一道、第二道绿化隔离地区建设，经过 10 多年努力，新增林木绿地面积 40 万亩。尽管北京在绿化建设方面取得了突出成果，全市森林覆盖率逐年提升，但森林总量偏低、布局不够合理、质量不高、功能不强的问题还很突出。特别是发展不平衡，到2012年，山区森林覆盖率为51%，而平原地区仅为14.85%。再者，大规模的城市森林是世界城市现代化水平和宜居化程度的重要标志。莫斯科、伦敦、纽约、巴黎等典型的国际大都市，均经历过大规模的城市生态体系建设，拥有壮阔多姿的平原林海。相比之下，北京的平原森林，无论是覆盖率，还是结构质量、生态品位，都存在一定差距。建设有中国特色的世界城市，推动首都生态文明，必须要补上城市森林这块"短板"。为此，北京市委、市政府特别做出了调结构、惠民生的重大战略举措——加快平原地区绿化造林建设，以改善城市宜居环境，提升市民幸福指数。

2012年4月2日，北京市政府正式印发《北京市人民政府关于2012年实施平原地区20万亩造林工程的意见》（以下简称《意见》）。《意见》指出，加快推进平原地区造林绿化，建设城市森林，是北京市改善生态环境、造福人民群众的一项具体行动，也是贯彻落实科学发展观，实施"人文北京、科技北京、绿色北京"战略和建设中国特色世界城市的重大决策。为做好此项工作，市政府成立北京市平原地区造林工程建设领导小组及平原地区造林工程建设总指挥部，并决定2012年在北京市平原地区新增造林面积20万亩。《意见》要求按照"依法合规、突出重点、集中连片、成带连网"的原则，构建"两环、三带、九楔、多廊"的绿色空间格局。"两环"，指的是五环路两侧各100 m永久性绿化带（包括城市郊野公园环），形成平原区第一道绿色生态屏障；六环路两侧绿化带外侧1 000 m、内侧500 m，形成平原区第二道绿色生态屏障。"三带"，永定河、北运河（包括温榆河、南沙河、北沙河）、潮白河（包括大沙河）每侧建设不少于200 m的永久绿化带。"九楔"，建设东、西、南、北四大郊野公园组团和多处集中连片的九大楔形绿色生态廊道，缓解热岛效应。"多廊"，重要道路、河道、铁路两侧的绿色通道，以及贯通各区域森林景观、公园绿地的健康绿道，打造城市周边慢行系统，让游人通过步行或骑行等方式进入森林绿地，享受绿色休闲生活。

2012 年清明节期间，胡锦涛总书记在北京参加首都义务植树活动。在植树现场，胡锦涛同志要求“北京必须在绿化美化工作中走在前面”。为认真贯彻落实胡锦涛同志的重要指示精神，北京召开区县委书记会议，进一步部署推进平原地区植树造林和城区绿化美化工作，决定在 20 万亩任务的基础上继续挖潜，力争 2012 年完成 25 万亩造林任务。

（二）平原造林实施情况

在春季的平原绿化建设中，市领导多次深入各区县工程建设现场督导检查，各区县主要领导深入地块督促检查平原造林进度和质量。各单位、各部门努力，北京市圆满完成 2012 年平原造林任务。

驻京部队出动官兵 1.5 万名，顶着漫天风沙支援平原绿化造林 10 036 亩。同时，组织驻区县部队和民兵预备役人员 5 万多人次，参加支援所在区县的植树造林工程；市委宣传部开展了“首都文化林”“学雷锋志愿者林”活动；市总工会组织广大会员单位开展“绿色进单位”绿化活动；团市委、北京林业大学实施了“绿色北京——青年行动计划”，连续 35 天，每天至少有 100 名青年志愿者义务播绿，种下松树、柳树 10 万余株，使全市面积最大的青年林立地成景；市妇联开展了“身边增绿”“绿色进家庭”主题绿化活动；北京铁路局结合北京市实施“平原地区 20 万亩造林工程”建设，以高速铁路、四大干线绿化管理为主，以清理车站站区、铁路两侧环境、增树添绿为重点，在京沪铁路与京沪高铁并行地段 6.9 km 处，补植乔木 8 800 株、紫穗槐 2 500 穴，加宽既有林带宽度，提升京沪铁路绿化水平；首农集团完成十三陵地区燕子口义务植树基地植树 353 亩的绿化任务，重点对中幼林进行修枝、定株、割灌等抚育工作，打造生态农业；市水务局则提出以“林水相依，水绿共融”的绿化理念，重点构建“一渠、一线、三河、多道”的绿色生态长廊，“一渠”即在 102 km 京密引水渠两侧 200 m 范围内及怀柔水库 61～64 m 高程内密植树木，建设水源保护林带，“一线”即在 56 km 南水北调北京段供水管线两侧宽 80～110 m 范围内及大宁水库、团城湖调节池和亦庄调节池周围建设生态景观林带，“三河”即在永定河城市下段和郊野段、潮白河平原带和北运河平原段堤外 200 m 范围及两堤距离较宽河段堤内 50～100 m 范围内，进行退耕还河、还林还草，建成有水则清、无水则绿的生态景观，“多道”即在中心城区水系南护城河、昆玉河、凉水河、永定河引水渠、清河、坝河、亮马河、小月河、北小河、通惠河等 10 条河道两侧建设滨水绿道；北京市公联公司完成雁栖湖联络线工程的绿化工作及京良路、杨庄大街等一批道路主体工程，严格做好道路绿化与红线外绿化的衔接工作，提升道路绿色走廊的景观性，做好“通一条路、绿一条路、美一条路”的城市道路绿化工作；首发集团对京昆高速和京新高速实施绿化工程，对高速公路进出口等部分路段和桥区缺失苗木进行补植；京煤集团按照首绿委统一部署，完成花园式单位创建任务和 7.7 万株义务植树任务，特别是加快完成矿山生态修复计划；北京市路政局结合 20 万亩造林工程，重点安排通州、顺义、大兴、昌平、房山等区县六环周边及主要干线和旅游路线两侧的绿化带加厚加密工程，完成 100 万 m^2 的植树绿化任务；各街道、乡村开展最美社区、最美乡村、最美胡同植树活动。

截至 2012 年年底，北京市充分利用废弃地、荒沙滩地、拆迁腾退地，完成 25.5 万亩平原造林任务，全市平原地区新栽树木 1 667 万株。截至 2017 年，全市实际完成新造林 117 万亩，使平原地区森林覆盖率从 2012 年的 14.85%提升到了 26.8%，部分 2012 年、2013 年的地块林木已显现出森林景观。

第二节　清洁小流域建设

一、建设历程

生态清洁小流域是使流域内水土资源得到有效保护、合理配置和高效利用，沟道基本保持自然生态状态，行洪安全，人类活动对自然的扰动在生态承载能力之内，生态系统良性循环、人与自然和谐，人口、资源、环境协调发展的小流域。

生态清洁小流域建设是北京市2003年针对全市“水少”和“水脏”的实际在全国率先提出的，是统筹水源保护与城乡经济社会协调发展的重要举措，探索出了“以水源保护为中心，构筑‘生态修复、生态治理、生态保护’三道防线”，建设生态清洁小流域的工作新思路。

第一道生态修复防线，实施2项措施，实现“六不准”目标。2项措施是：设置封禁标牌和拦护设施。“六不准”目标是：一是不准施用化肥；二是不准施用农药；三是不准倾倒垃圾；四是不准养殖；五是不准耕种；六是不准开矿。

第二道生态治理防线，实施15项措施，实现四项目标。15项措施是：实施梯田整修、砌筑树盘、水保造林、水保种草、土地整治、节水灌溉、砌筑谷坊、拦沙坝、挡土墙、护坡措施、排水工程、村庄美化、垃圾处置、污水处理、农路建设等措施。四项目标是：一是新建开发建设项目编制并落实水土保持方案；二是污水处理设施正常运行，污水处理后达标排放；三是垃圾定期清运，村庄环境整洁，无乱堆乱放现象；四是水保设施无人为毁坏，各项工程正常发挥效用。

第三道生态保护防线，实施4项措施，实现“三无”目标。4项措施是：安排防护坝、河（库）滨带治理、湿地恢复、沟道清理等措施。“三无”目标是：一是无乱占河（沟）道现象；二是无乱采砂石现象，无垃圾堆放；三是无未达标处理的污水排入。

2006 年 11 月，北京市政府办公厅专门印发《关于推进山区小流域综合治理和关停废弃矿山生态修复意见的通知》（京政办发〔2006〕66 号），明确了水源保护与小流域综合治理的关系，小流域为水源地的有机载体，小流域综合治理的重要目的之一是保护水源；明确了三道防线在水土保持中的地位。新治理的小流域都要在统一规划的基础上，构筑三道防线，达到生态清洁型小流域标准；明确“十一五”期间年度任务、标准，如投资标准由以前的 25 万元/km^2 提高到 50 万元/km^2，全部由市里投资等具体事项。

2007 年，北京市政府投入 1.55 亿元资金，治理水土流失面积 310 km^2，建设 20 条生态清洁小流域，此举为保护水源、提高生态服务价值奠定了坚实基础。

到 2008 年年底，全市 547 条小流域，累计治理 327 条，其中建成生态清洁小流域 76 条。

2010 年，以“水源保护型、休闲观光型、绿色产业型、和谐宜居型”的模式新建生态清洁小流域 22 条，治理水土流失面积 310 km^2，为沟域经济发展奠定了生态和环境基础。截至 2010 年年底，全市已累计建成 150 条生态清洁小流域，占全市小流域总数的 27%。总治理面积 1 902 km^2，占全市山区面积的 19%。

2011 年，实施重要地表水源区生态建设等项目，全市建设生态清洁小流域 35 条，治理面积 520 km^2。截至 2011 年年底，全市共建设 185 条生态清洁小流域，涉及 2 422 km^2。11 月 17 日，水利部召开全国生态清洁型小流域座谈会，刘宁副部长肯定了北京市在生态清洁小流域建设方面的典型做法，要求在全国推广。

截至 2012 年，北京市共建成生态清洁小流域 219 条，各项水土保持措施年可涵蓄水量 3 220 万 m^3，可减少土壤流失 118 t。密云水库水质保持在国家Ⅱ类水质标准，生态清洁小流域建设源头护水发挥了重要作用。

二、生态清洁小流域类型

生态清洁小流域建设按照城乡统筹的原则，围绕区域功能定位，根据每条小流域的特点，因地制宜，分类建设水源保护、休闲观光、绿色产业、和谐宜居四种类型生态清洁小流域，促进农村经济发展方式转变，实现了水源保护和山区经济发展的“共赢”。

（一）水源保护型

在水库一级、二级水源保护区，污水、垃圾、农药、化肥等污染相对严重的小流域，以水质保护、水污染治理为重点，溯源治污，源头护水。治污，治垃圾，治理违章，建河岸库滨植被过滤带，严格执行“六不准”（不准施用化肥、不准施用农药、不准倾倒垃圾、不准养殖、不准耕种、不准开矿）。

截至 2010 年年底，全市已在密云水库、怀柔水库等城市水源地，共建成了密云黄土坎、石城，怀柔红军庄、北宅，延庆佛峪口、张山营等 15 条水源保护型生态清洁小流域。

密云水库一级保护区内的黄土坎小流域，流域面积为 24 km^2，人口 2 320 人，有果园 5 500 亩，养牛场 1 个，散养牛 100 多头，羊 2 000 只，70%以上的住户都有散养鸡。小流域未治理前，生活污水和养殖粪污随意排放，沟道垃圾随雨水直入水库，对水库水质产生不良影响。通过生态清洁小流域建设，设置了 80 个垃圾箱，实现垃圾户分类、村收集、镇转运、县处理；选用 8 类草种，建设 1 000 亩库滨植物带，对入库雨水进行净化。建成了 4 座小型污水处理站及配套污水管网和再生水管网，全村生活污水收集处理后用于农地和果园浇灌。小流域建设在杜绝污水、垃圾入库，实现清水出沟、清流入库的同时，促进了黄土坎村特色果品——鸭梨种植的规模化，提高了其知名度。

（二）休闲观光型

在有山有水、富含民俗旅游资源的小流域，以资源环境承载力为基础，以保护原生态和水环境为重点，通过自然生态修复，保育植被、种植水保林，打造水景观，整体提升山水环境品质，促进旅游资源的开发利用。

截至 2010 年年底，北京市已在自然条件较好、山清水秀的旅游区，建成怀柔神堂峪、青石岭，密云朱家湾，延庆千家店、门头沟鳌鱼沟等 52 条休闲观光型生态清洁小流域。

怀柔区神堂峪小流域位于北台上水库上游，常年有水。面积 16 km^2，有 3 个村、920 人。治理前，流域内基础设施落后，污水无序排放，沟道乱石成堆，村内土石裸露。流域内仅有 20 余户民俗旅游户，年旅游收入不到 100 万元，人均不足 1 000 元。开展生态清洁小流域治理后，实施封禁 12 km^2，改厕 200 户，采用膜生物反应器（MBR）工艺建设 39 套污水处理设施，日处理污水能力 525 t；绿化美化 1 800 m^2，拆除河道内挡水建筑物和水泥护砌，建设 6 座亲水平台，恢复天然河床，保持河道水流通畅。生态清洁小流域建设带动了民俗旅游的迅猛发展，昔日的荒山荒沟如今已变成绿水青山，城里人来这里赏景、戏水、吃农家饭，车水马龙，川流不息，仅 2009 年一年接待游客人数就突破 100 万人，年收入超过 2 000 万元，人均超过 2 万元。

（三）绿色产业型

在特色林果种植区，以完善农业生产设施条件为重点，通过建设梯田、谷坊、塘坝、农路，配套灌溉设施，优化配置水土资源，增加产量，提高品质，创建品牌效应，培育绿色产业发展。

截至 2010 年年底，在生产条件较好、产业集中分布的山区，建成了门头沟樱桃沟、怀柔三渡河、昌平果庄、房山平峪、平谷熊儿寨等 36

条绿色产业型生态清洁小流域；形成了樱桃一条沟、板栗一条沟、京白梨一条沟、薄皮核桃一条沟等特色产业沟。

门头沟区樱桃沟小流域村民原来以挖煤为生，煤矿关闭后，农民致富无路，年人均收入不足 2 000 元。结合小流域综合治理，他们修建梯田 10 hm^2，整理土地 25 hm^2，全部实现节水灌溉；利用独特小气候引进种植大樱桃，品种由 5 个丰富到 60 余个，年产量由几千公斤发展到 4 万 kg，建成了集观光、采摘、科普、休闲于一体的农业观光园。采摘季节樱桃价格高达每斤 200 元，超出市场价 4 倍，城里人争相采摘。该小流域山绿了，水清了，游人多了，农民人均收入超过 3 万元，家家户户盖起了别墅，走出了一条从靠山吃山毁山到养山保水致富的新路，实现了从黑色经济到绿色产业经济的转变。

（四）和谐宜居型

在村庄集中、人口密集的小流域，以防洪安全、整治村容村貌、改善居住环境为重点，建防护坝、排洪沟，改造农厕，绿化美化村庄，完善农村基础设施，建设整洁优美、人水和谐的新农村。

截至 2010 年年底，全市已建成平谷老泉口、昌平碓臼峪、密云柏崖、房山北车营、延庆永宁等 46 条和谐宜居型生态清洁小流域。

平谷区老泉口小流域面积 6 km^2，人口 500 余人。小流域治理前，河道坍塌，排水不畅，黄土裸露。环境脏乱，垃圾、柴草、粪肥随意堆放。冬季尘土飞扬，夏季蚊蝇孳生，严重影响农民身体健康。结合生态清洁小流域建设，整治排洪沟 320 m，改造农厕 220 户，村庄绿化美化 2 000 m^2，设置 35 个垃圾箱，村内垃圾统一分类收集转运，铺设卵石甬路，设置凉亭、花架等 5 处景观小品，营造小桥流水的滨水景观。实现了房前屋后是菜园、村庄是花园、全乡是公园的“三园目标”。2010 年老泉口村被评选为“北京最优美乡村”。

三、主要工作措施

（一）加大科技支撑

一是研究完成了生态清洁小流域三道防线规划建设体系。全市划分547条小流域的建设单元。按流域划分了生态修复、生态治理与生态保护三道防线的空间布局，确定了21项治理措施。编制《北京市生态清洁小流域施工质量评定规范》，完善21项措施施工质量评定规范，明确质量检测及评定方法，规范施工质量管理，完善工程建设管理体系，推动生态清洁小流域建设全过程、精细化管理。

二是研究、引进、推广污水治理、边坡防护、河岸（库滨）带等3类实用新技术。包括推广膜生物反应器（MBR工艺）、生物接触氧化、厌氧生物滤池、厌氧/好氧（A/O）+土地渗滤、人工湿地、改厕6种农村治污适用技术。推广30种边坡防护技术，有效解决坡面水土流失问题。研究推广多种河岸（库滨）带建设模式。使用保水剂、黄腐酸和PAM等制剂，采取立体化防治模式，对农业面源污染物输移过程、制剂防治面源污染效果等进行示范研究。在7个山区县、24条小流域、4 000亩农田中推广使用。

三是研究确定了生态清洁小流域调查监测评价体系。制定研究调查监测方法。开展小流域水环境承载能力研究。研制了北京市土壤侵蚀模型。研究建立了生态清洁小流域评价指标体系。制定了地方标准《生态清洁小流域技术规范》（DB11/T 548—2008），为生态清洁小流域的调查、评价、规划、治理、监测和验收提供了标尺。根据北京市实际情况，研究制定《北京市山区河流生态恢复规划设计导则》《北京市山区河流生态监测技术导则》《北京市山区河流水文形态评价技术导则》，为指导小流域河（沟）道现状调查、评价分级、生态修复、治理效益分析提供了依据。

2004 年以来，北京市水土保持生态清洁小流域建设 16 项成果获水利部和北京市科技奖，其中生态清洁小流域建设体系研究成果获 2008 年度水利部大禹奖二等奖。

（二）加强国际合作

一是引入欧盟水框架理论和小型水体近自然修复理念，在 4 个区县、6 条小流域的 100 km 河（沟）道，开展中德财政合作小型水体生态修复工程。具体做法包括：①在对河流生态指标、物理化学指标、水文形态指标监测的基础上，对河流进行评价分级，制定生态恢复措施；②近自然治理，利用自然水流冲淤塑造来改善水文形态特征，恢复河道自然属性；③治理与维护措施相结合，给河道更多空间，宜弯则弯、宜宽则宽；④保持河道横向、纵向以及与地下水的连续性，维持河道系统生物多样性。

二是建立生态清洁小流域全面监测评价体系。引进德国先进监测设备，开展蒸渗仪站点土壤水分循环监测。完善现有监测体系，结合山地坡面和平原农地土壤侵蚀及面源污染监测、小流域水质水量和生物多样性监测、大流域断面水质水量监测构成监测网络。形成了从点、地块、小流域到大流域的监测网络，为科学评价小流域水土资源状况和工程治理成效提供数据支撑。

（三）强化监管力度

一是考核政府。生态清洁小流域建设列入政府折子工程和为民办实事工程。市政府与各区县签订责任书，明确主管区长为第一责任人，每年市委组织部定期考核。从 2009 年开始，市委组织部把生态清洁小流域建设、农村治污达标率作为各区县委、政府领导班子届中考核的指标。

二是考核设施运行率。出台《北京村镇污水处理设施运行管理指导意见》，要求区县落实经费，确保污水处理设施正常运行。市财政每年安排管护资金 500 万元，用于生态清洁小流域管护和农村污水处理设施运行费。按照管护标准，定期抽查，年终考核，合格的拨付运行管护费，不合格的取消管护费用，来年不安排项目计划。督促区县政府加大小流域管护力度。2011 年房山区、怀柔区、门头沟区均出台相应管理办法，将管护经费列入区县财政年度预算，拿出 3 000 余万元用于小流域管护、污水处理设施运行维护、河道管护等。

三是群众监管。全市成立 3 927 个农民用水协会，政府通过购买服务的方式，组建 10 800 名农民管水员队伍，每人每月 500 元的报酬，负责生态清洁小流域管护、安全用水等工作。填补了长期以来村级水务管理的空白，实现了源头管理。

实行生态清洁小流域建设“一事一议”制度，召开村民代表座谈会，坚持“问需于民，问意于民，问计于民”，用有限的资金解决农民“最急需、最直接、最迫切”的问题。实行项目公示制，将项目情况告知于民，接受群众监督。

以国家水土保持重点治理工程为依托，2007 年，在门头沟区韭园、延庆县下阪泉和大泥河等小流域开展农民参与式生态清洁小流域建设试点工作。从“项目前期、工程实施、后期管护”环节入手，鼓励农民全程参与生态清洁小流域建设，使农民成为工程建设的主体、流域管理的主体、经济受益的主体，实现了水土保持工作“零距离”服务农民。

参与前期：多次召开村民代表大会，与小流域内 70%以上的村民代表座谈，反复征求对生态清洁小流域建设的意见，公示工程建设情况。

参与建设：凡是农民自己能干的都由农民自己干，凡是农民能自己管理的都由农民自己管理。变以前的“要我干”为“我要干”，提高了农民收入，大大激发农民参与小流域治理的积极性。韭园小流域有劳动力 500 人，80%的劳动力参与建设，仅此一项，人均增加劳务收入 600 元。

参与管理：工程验收后，产权移交村委会，按照水务部门制定的标准和要求，由村委会通过公开选拔的方式，确定管护人员，落实管理责任，建立管理考核制度。

四、建设成效

北京市构建了水源保护、休闲观光、绿色产业、和谐宜居四种生态清洁小流域治理模式，溯源治污，确保水源安全；改善环境，促进新农村建设；保护生态，维护河库健康生命；促进生态文明建设。生态清洁小流域的建设得到水利部的充分肯定，在全国 81 个县市推广；下得到农民欢迎，成为山区新农村建设的重要内容。促进了首都资源节约型、环境友好型社会建设，促进了农民增收和社会主义新农村建设。

生态清洁小流域建设取得四大综合效益。

一是保护首都水源。稳定了密云水库、怀柔水库水质，改善了官厅水库水质。建设了 700 余座小型污水处理站，设计处理能力 2.9 万 t/d，470 余个村实现了整村治污。小流域主要水污染物 COD 削减 20%，总氮削减 29%，总磷削减 49%，出水水质全部达到地表水III类以上标准。密云水库在连续 11 年干旱、蓄水量徘徊在 6.5 亿～11 亿 m^3 警戒蓄水量情况下，水质仍然保持在II类标准。官厅水库水质由劣V类改善到IV～V类，其中门头沟三家店段全年达到III类标准。生态清洁小流域源头护水功不可没。

二是促进新农村建设。生态清洁小流域建设优化了农业生产资料，调整产业结构，转变经济发展方式。完善了村庄基础设施，提升了村容村貌。促进了自然、人文资源的深入挖掘和开发，推动了一产和三产的互动与融合。通过生态清洁小流域建设，发展“一村一品”“一沟一品”“一山一品”“一流域一品”，涌现出一批各具特色的经济沟。生态清洁小流域建设实现了农民累计直接收益 9 500 万元，人均超过 600 元。年人均增收 20%以上，成为名副其实的民生工程。其中，2011 年、2012 年共有 7 万农民参与生态清洁小流域建设，累计获得劳务收入 4 266 万元，人均增收 607 元。

三是维护了河库健康生态。治理污水、治理垃圾、治理沙石坑，治理违章，蓄滞雨洪，实施生态治河 357 km，形成清洁的河、有水的河、安全的河。沟通河网水系，治污蓄清，改善了流域水质，提高了河库生物多样性，形成了稳定的水生、湿生动植物群落，水生态环境明显改善，恢复了河道自然功能。

四是促进生态文明建设。树立了生态修复理念，加强水资源循环利用，促进了污水、垃圾的减量化和资源化。逐步转变了农民观念，改变了农村生产生活方式，推动农村走上生产发展、乡风文明、生态良好的文明发展道路。

第三节　废弃矿山修复

一、矿山资源的现状

北京市固体矿产资源主要包括煤炭、铁矿、石灰岩、白云岩、建筑用砂等；矿产资源分布不均衡，具有分布广泛、矿种相对集中、以远郊区县为主的特点。矿产地规模以中、小型为主。贫矿、伴生矿较多。北京市矿区占地面积 42.35 万亩。房山区所占面积最大，为 22.85 万亩，占总面积的 54%；门头沟为 12.86 万亩，占总面积的 30%。北京市矿区影响面积为 26.53 万亩，矿区影响面积最大的区县为房山区，影响面积为 9.18 万亩；门头沟次之，影响面积为 7.55 万亩。

山区矿山开发为首都城市建设作出了贡献，但同时也极大地破坏了山区的生态环境和自然景观，造成了水土流失、植被和地下水系破坏等负面影响。而大多数关停废弃矿山位于首都生态涵养带和水源保护区，若不及时加以修复，将对首都的生态安全构成威胁。因此，关停废弃矿山的生态修复也成为首都山区实现生态涵养发展带功能的必然要求。

二、废弃矿山修复的原则

（一）坚持修山补山、替山疗伤的原则

本着“修自然如自然，再造自然景观”的建设理念，坚持修山补山、替山疗伤的原则，坚持以植被恢复为主体，以造林绿化为主，以野生灌草和乡土树种为主，禁用大量土石方工程、不必要的挡土墙和悬挂种植。坚持因地制宜、就地取材，使植物措施与工程措施有机结合，形成自然和谐的生态景观效果。

（二）坚持精品战略、科技先行的原则

工程建设坚持高起点规划、高标准设计、高质量建设，坚持生态修复和景观修复相结合，全力打造精品工程。充分利用国内外现有的科技成果和高新技术，提高工程建设科技含量，把科技贯穿于规划、设计、施工和管理等各环节。在改善矿山生态环境的同时，提升矿区生态景观效果和生态综合效益。

（三）坚持安全第一、防灾避险的原则

矿山生态修复工程涉及消除地质灾害隐患和大量工程措施建设，一要确保工程技术安全可靠，消除地质灾害隐患，避免造成新的生态环境破坏；二要加强安全生产教育，确保施工安全，避免发生重大安全事故。

（四）坚持科学谋划、持续发展的原则

在突出生态效益的同时，要做到科学谋划，为后续产业发展留足空间，充分结合社会主义新农村建设和山区沟域经济建设，为今后适度开发利用，因地制宜地发展经济林果业和生态旅游业、矿山文化园等绿色产业留足空间，为矿区农民开辟就业渠道，促进区域经济发展。

三、废弃矿山修复采取的措施

（一）工程措施

工程措施是通过削坡、清理浮石、修建挡渣墙、生态袋（植生袋、植被毯）护坡等技术措施，提高矿山地质稳定性，消除地质灾害危险。同时通过全面客土或生态袋、种植槽客土等土壤基质改良方法，为植物生长创造良好的条件，为植被恢复提供一个有利的环境。包括：地质灾害隐患消除（消坡、清理浮石等）、修建挡渣墙、修建种植槽、生态袋（植生袋、植被毯、六棱砖）护坡、修筑截排水沟、弃渣平整、回填客土、绿化整地等。

工程措施本着适量、适度的原则，以植被恢复为中心，合理布局，就地取材。一是禁止大量土石方工程，要因地制宜、近自然整理，随坡就势，最大限度地减少土方工程量。二是禁止建设不必要的挡土墙，特别是浆砌石挡墙。在满足基本稳定需要的基础上，减少挡土墙数量。做到挡土墙与绿化种植相结合，可以用生态袋、格宾网挡墙的，就不用浆砌石挡墙。三是禁止外购石材修建挡土墙，应因地制宜，就地取材，节约资源，节省资金。

（二）植物措施

植物措施是对开采创面、作业平台、弃渣坡进行植物种植或攀附，采取客土造林、爆破造林、抗旱造林、容器苗栽植、播撒灌草种子、种植攀援植物等技术措施，对平台、渣坡进行植被恢复，对开采创面进行遮挡。

植物措施是关停废弃矿山生态修复的主体，要坚持适地适树、因地制宜的原则。一是根据立地条件选择适合生长的乔灌草品种，适合种乔木的地方种乔木，适合种灌木的地方种灌木，适合种草的地方播草。既可以提高造林成活率，又能降低造林成本。二是坚持以野生灌草和乡土树种为主，大部分工程区土壤条件差，水资源缺乏，导致造林成活率、保存率低。因此在工程建设中，要以抗逆性强的野生灌草和乡土树种为主，例如榆树、椿树、紫穗槐、荆条等，既可以提高造林成活率，又降低后期管护成本，提高保存率。三是在选择造林方式和造林树种时，要与项目区周边植被群落和谐统一，做到“修自然如自然”，形成与周边自然环境融合的生态景观。四是禁止挂网喷播等悬挂种植。北京地区属干旱半干旱地区，降水主要集中在夏季，干旱时间长，同时悬挂种植造价高、维护成本大。因此，不适于北京市关停废弃矿山植被恢复工程建设。

（三）配套措施

配套措施是建设水利基础设施和实施浇水、施肥、病虫害防治等后期养护管理，保证栽植的植物成活和正常成长，确保生态修复建设成效。同时，对治理项目实施生态效益监测和效益评估，为工程建设提供可靠数据和决策依据。包括铺设供水管线、修建蓄水池、道路修整、设置水泵、后期养护、动态监测、效益评估等。

配套措施是矿山植被恢复工程建设的保障措施。一是在建设中，必须考虑水源和灌溉条件，合理建设水利灌溉设施，确保苗木成活和后期养护需要；二是要大力推广有机底肥的使用，保证苗木正常生长；三是加强养护管理，确保建设成效；四是加强效益监测和效益评估，为提高今后工程建设水平提供依据。

四、废弃矿山修复的工作历程

北京市委、市政府高度重视矿区生态环境修复工作，指示要加大矿山开采关停力度，加快生态修复进度。2005 年 3 月 7 日，市长办公会议专门讨论了北京市关停废弃矿山的生态修复工作。废弃矿山破坏程度不同，修复模式也不一样：破坏程度较轻的矿山，直接封矿育林；破坏严重的地区，先进行矿坑回填，然后修补绿化；对位于主要公路两侧、风景区周边的矿山，将实施生态景观再造；此外，还有边坡水土保持生态恢复模式、废弃矿渣治理模式和矿区生态修复示范区建设模式。矿山修复完成后，绿化部门将本着“修自然如自然”的理念，进行植被恢复。矿山造林以乡土树种及根系发达的乔灌木为主，遵循乔、灌、花草混植和先绿化品种后经济品种的原则，同时随坡就势设计景观，避免造成新的山体破坏和太大土石方量。

截至 2006 年 8 月，北京山区关停废弃矿山总面积为 7.64 万亩，主要包括煤矿、采石场、石灰场和金属矿，分布在房山、门头沟、丰台、海淀、昌平、延庆、怀柔、顺义、密云和平谷 10 个区县。

2006 年 11 月，北京市政府办公厅印发《关于推进山区小流域综合治理和关停废弃矿山生态修复意见》（以下简称《意见》）。《意见》指出，北京市山区关停废弃矿山面积达 5 053 hm^2，“十一五”期间，要完成亟须治理的 3 667 hm^2 关停废弃矿山的生态修复规划编制工作，对浅山、前脸山、干道两侧、景点周边范围的关停废弃矿山地区实施生态修复工程，通过清理尾矿废渣、恢复植被等工程，消除关停废弃矿山的地质灾害隐患，改善该区域生态系统。《意见》强调，由市园林绿化局、市国土局负责组织矿山生态破坏状况调查和生态修复规划编制工作，并按照生态修复规划进度要求，组织山区各区县分阶段实施山区生态修复工程。建设资金由市发展改革委、市国土局统筹安排。将生态修复后的林木管护工作纳入生态林补偿机制，由市园林绿化局负责组织核定生态林管护面积和人员。

2006 年开展了关停废弃矿山植被恢复工程试点工程建设，涉及门头沟、房山和丰台 3 个区县，总面积 9 430 亩，其中矿区生态修复 1 430 亩，周边绿化 8 000 亩。中心修复区涉及煤矿 1 处、采石场 2 处。工程总投资 3 758 万元，其中市政府固定资产投资 3 198 万元，区县政府配套 560 万元。有关区县精心组织实施，取得了良好的建设效果。当年造林成活率达到 85%以上，植被恢复率达到 90%。为北京市全面开展关停废弃矿山生态修复工作提供了实践依据和参考模式。其中，门头沟 0.17 万亩（中心区 0.02 万亩，爆破造林区 0.15 万亩）、房山 0.723 万亩（中心区 0.123 万亩，爆破造林区 0.6 万亩）、丰台 0.05 万亩（爆破造林区 0.05 万亩）。门头沟区担礼村石灰场生态修复工程是北京废弃矿山植被恢复试点工程，总面积 1 700 亩，其中生态修复工程 200 亩，周边绿化 1 500 亩。生态修复完成拆迁面积 1 400 m^2，客土回填土石方 10 万 m^3，种植各种树木 30 多个品种 8.9 万株。工程实施率先采用了生态袋、土工格室喷薄、护坡连锁砖等生态修复技术。生态修复完成后，石灰场面貌焕然一新。房山区 2006 年废弃矿山植被恢复工程完成 2 个试点，分别位于永红煤矿和红坨山采石场，总面积 7 230 亩，其中完成生态修复工程面积 1 230 亩，周边绿化面积 6 000 亩。丰台区 2006 年废弃矿山植被恢复工程完成 1 个试点，位于王佐镇后莆营村，面积 500 亩。

2007 年 3 月，北京市园林绿化局、北京市发展改革委、北京市国土局、北京市财政局联合印发了《北京市山区关停废弃矿山植被恢复规划（2007—2010 年）》。工程将坚持“生态优先、综合治理，安全稳定、防灾避险，生态修复与新农村建设相结合，统筹规划、分步实施”的原则，主要采用创面修复措施、绿化措施、配套措施 3 大类共 10 项技术和 6 项典型治理模式，分两个阶段对全市山区关停废弃矿山、矿场等进行植被恢复 11.64 万亩。按照规划，2008 年前对市区及奥运场馆可视范围、干道两侧、重点景区周边范围的关停废弃矿山和西山地区修路形成的裸露边坡植被恢复任务优先安排、重点治理，计划任务 3.75 万亩；2009 年至 2010 年规划治理 3.89 万亩，同时从 2007 年到 2010 年，每年进行爆破造林 1 万亩，共计 4 万亩。

2007 年 9 月，根据国家林业局《关于下发〈全国矿区植被保护与生态修复工程规划本底调查方案〉的通知》要求，北京市园林绿化局根据北京市国土资源局提供的北京市矿区基本情况，编制了《北京市矿区植被保护与生态修复工程规划（2008—2015 年）》，规划 2008 年至 2015 年完成关停废弃矿山中心区修复面积 11.8 万亩。

2007 年，全市共实施关停废弃矿山植被恢复工程 2.2 万亩，其中中心修复区 1.2 万亩，周边爆破造林 1 万亩。涉及门头沟、房山、昌平、顺义、延庆、怀柔、密云、平谷、丰台、海淀等区县，主要治理位于市区及奥运场馆周边可视范围、重点景区周边的关停废弃矿山以及西山地区因开山修路形成的裸露边坡，建设内容包括工程措施、植物措施和配套措施。中心修复区涉及 105 处矿点，其中煤矿 32 处，采石场 50 处，金属矿 1 处，石灰厂 10 处，道路边坡 12 处。项目总投资 3.78 亿元。到 2008 年年底工程全部完工，并通过竣工验收。共栽植各类乔灌苗木 254 万株，修建挡渣墙 20.6 万 m^3，建截排水沟 5.4 万 m，铺设生态袋 5 万 m^3、植生袋 3.9 万 m^3，铺设供水管线 19.3 万 m，建蓄水池 101 座。门头沟区关停废弃矿山植被恢复工程涉及清水、斋堂、王平、军庄、潭柘寺、永定、雁翅、妙峰山、龙泉等 9 个乡镇，工程建设总面积 6 029 亩，治理废弃矿山核心区 3 629 亩，周边爆破造林 2 400 亩。建设内容包括工程措施、植物措施和配套措施。房山区关停废弃矿山植被恢复工程涉及大安山、燕山、南窖、浦洼、史家营、大石窝、佛子庄、长沟、河北、周口店、青龙湖、韩村河、十渡等 13 个乡镇，工程建设总面积 5 200 亩，治理废弃矿山核心区 3 100 亩，周边爆破造林 2 100 亩。建设内容包括工程措施、植物措施和配套措施。

2008 年北京市关停废弃矿山修复工程立项任务 2.23 万亩，项目总投资 3.9 亿元，涉及门头沟、房山、昌平、延庆、怀柔、密云、平谷、丰台等区县 46 个乡镇的 365 处矿点，其中煤矿 216 处，采石场 102 处，金属矿 22 处，石灰厂 22 处，边坡 2 处，石子厂 1 个。

截至 2010 年年底，全市需要修复治理的关停废弃矿山占地总面积约为 11 万亩。其中：房山区 6.52 万亩、门头沟区 2.2 万亩、密云县 1

万亩、昌平区 0.25 万亩、怀柔区 0.41 万亩、平谷区 0.25 万亩、延庆县 0.4 万亩，涉及煤矿 2.43 万亩、金属矿 1.33 万亩、采石场 6.55 万亩、石灰厂 0.45 万亩、边坡 0.27 万亩。

按照“十二五”规划目标，关停废弃矿山植被恢复工程建设总任务 5.5 万亩，涉及房山、门头沟、昌平、延庆、怀柔、密云和平谷等区县。其中：房山区 25 500 亩、门头沟区 15 000 亩、密云县 5 472 亩、昌平区 2 500 亩、怀柔区 2 000 亩、平谷区 2 500 亩、延庆县 2 500 亩。对关停废弃的煤矿、金属矿、采石场、石灰场等需要进行治理的矿山进行植被恢复；重点对主要干路、风景区等可视范围内的关停矿山进行植被恢复，同时加强房山、门头沟等西部地区及重要水源保护区、生态涵养区的生态修复力度。使关停矿山开采岩面得到有效治理，区域生态环境和景观效果明显改善；实现区域经济结构由“黑白经济”向“绿色经济”的转变，经济社会发展步入良性循环的轨道。

五、废弃矿山修复的效益

（一）生态效益

北京市矿区植被恢复项目全面实施后，项目区林草植被盖度明显增加，新增绿地面积 3 667 hm^2，就地扬沙起尘等风沙危害活动和水土流失现象得到有效遏制，地面塌陷、滑坡、崩塌、泥石流等地质隐患得到有效控制，土壤污染、水污染等得到明显改善，区域生态环境质量和景观效果明显提高，为提高首都国际大都市形象，建设“宜居城市”“生态城市”创造基础条件，为建设首都山区绿色屏障、为首都生态涵养发展带生态功能的充分发挥起到积极的促进作用。

（二）社会效益

矿区生态修复工作具有深远的历史意义和现实意义。首先，矿山生态环境质量、景观效果的提高，可进一步提高北京作为国际大都市的形象，为生态招商、绿色引资、发展区域经济提供良好的基础条件。其次，北京市山区矿山的开采已有上百年的历史，矿山的关停涉及广大矿工和以矿山为生的农民的生存问题，其影响范围广、影响人口多。矿山的生态修复工作与新农村建设的紧密结合，为矿区人民提供了良好的生产、生活环境，从而积极引导矿区人民走上绿色致富之路，为当地经济社会发展和稳定作出积极贡献。同时，在工程建设过程中，通过加大政策宣传和执法力度，提高矿区人民的生态意识、环保意识和法律意识，引导矿区人民变被动为主动，积极投入生态环境建设当中去。

（三）经济效益

矿区植被恢复工作在突出生态效益的同时，充分发挥首都山区资源、区位优势，本着因地制宜、适度开发利用原则，将矿区植被恢复与新农村建设和发展替代产业相结合，在改善生态环境的同时，为区域经济开发创造基础条件，使之成为郊区经济发展、农民致富的新增长点，让农民依靠生态环境的改善走上致富路。同时，通过安排矿区农民从事矿山植被恢复工作和后期养护管理工作，为矿区农民提供就业机会。

六、废弃矿山生态修复主要经验

（一）政策是依据，制度作保障

为做好北京市关停废弃矿山生态修复工作，北京市政府陆续出台了《关于推进山区小流域综合治理和关停废弃矿山生态修复意见》（京政办发〔2006〕66 号）、《关于鼓励社会力量参与生态修复的意见》（京政办发〔2007〕75 号）等文件；北京市园林绿化局编制印发了《北京市山区关停废弃矿山植被恢复工程管理办法（试行）》、《北京市山区关停废弃矿山植被恢复工程检查验收办法（试行）》及《北京山区困难地造林技术规定（试行）》。对生态修复工程建设提出了指导性意见，明确了工程管理机构及职责、组织实施程序、资金管理、安全生产和检查验收等。为工程的实施提供了基本依据和重要保证。

工程建设严格执行基本建设程序，按规划立项，按立项设计，按设计施工，工程项目实行项目法人制、招投标制、合同管理制、工程监理制、资金审计制、设计审查制、岗前培训制度、检查验收制、工程例会制、档案管理制等十项工程管理制度，为确保工程建设有序开展提供了有力保障。

（二）及时总结经验模式，推广应用成熟技术

工程建设开始时，明确提出了“修山补山、替山疗伤”与“修自然如自然”的建设理念和“实事求是、因地制宜、科学合理”的原则。通过不断总结施工经验，坚持以植被恢复为主体，将工程措施、生物措施和水利措施有机结合，形成了废弃石灰场治理模式、铁矿石采石场治理模式、煤矿治理模式、道路边坡治理模式、封育修复模式等五大治理模式和岩面修复技术、弃渣控制及修复技术、客土整理技术、边坡稳定处理技术、绿化美化技术、经济林营造技术、封育治理技术、水利配套技术、养护管理技术、生态效益监测与评估技术等十大技术。同时，工程建设中积极推广技术成熟、效果明显的生态袋、格宾网、生态植被毯等新技术、新材料。通过各种技术的集成配套使用，取得了良好效果。

（三）加强培训，确保施工安全

为保证工程建设健康有序地进行，市园林绿化局有关部门多次举办“关停废弃矿山植被恢复工程培训班”，就矿山生态修复技术措施、安全生产等方面，对全市矿山修复工程管理、技术人员 400 多人次进行了培训。在建设过程中，坚持把安全生产放在首位，制定并落实各项安全制度，施工单位制定了劳动安全手册，加强安全生产教育，并为施工人员

统一购买工伤事故保险。多年来未发生过重大安全事故。

经过多方努力，北京市废弃矿山修复虽然取得较大成绩，但是由于经过多年开采，废弃矿区自然植被破坏极其严重，满目疮痍，植被恢复难度较大，此外，矿区停采和废弃后，原来形成的产业链条随之中断，矿区农民的生计问题日益凸显，做好废弃矿山修复及系列衍生工作任重道远。

后 记

《北京生态环境保护》是《北京环境保护丛书》（以下简称《丛书》）生态环境保护分册，记述了 40 多年来北京市生态环境管理、保护的历史，包括生态环境质量、生态功能区划和绿色空间、自然生态保护、农村生态环境保护、生态示范创建、生态工程与生态恢复等 6 个方面。此外，本套丛书还包括《北京环境管理》《北京环境规划》《北京大气污染防治》《北京环境污染防治》《北京环境监测与科研》《北京奥运环境保护》等分册，其中也有部分章节涉及相关生态环境质量、农村生态环境保护、生态规划等内容。

本书采用史料性记叙文体，采取横分门类、纵写史实、详近略远的编写方法。资料主要来源于北京市环保局工作中形成的各种档案资料，包括文件、大事记、工作总结，以及座谈会口述、《中国环境年鉴》《北京年鉴》等。1990 年前的资料主要源自《北京志 · 市政卷 · 环境保护志》（江小珂主编，北京出版社，2003.12）。本书各篇章资料截至日期不同，大部分资料截至 2010 年年底，生态示范创建资料截至 2014 年 2 月，自然生态保护及个别章节资料截至 2017 年，请读者注意鉴别。

丛书总编对本书难点问题提出了决策意见；主编负责全书策划、章节结构设计和全书统稿；各副主编负责本单位稿件的修改和审核；执行副主编负责协助主编工作。全书撰稿人如下：

第一章“生态环境质量”第一节陈龙、马明睿、乔青，第二节马明睿、李令军、刘嘉林，第三节刘嘉林；

第二章“生态功能区划和绿色空间”第一节、第二节马明睿，第三节周扬胜；

第三章“自然生态保护”第一节、第二节曹志萍、李鹏，第三节王海华；

第四章“农村生态环境保护”第一节至第三节全昌明，第四节全昌明、方瑶瑶，第五节郑磊；

第五章“生态示范创建”全昌明、方瑶瑶；

第六章“生态工程与生态恢复”由曹志萍、李鹏、梁静根据园林、绿化、水务、国土等相关部门工作资料、网络公开信息等整理编辑完成。

《北京生态环境保护》主编　冯惠生

2018年1月